LA MONDIALISATION DÉMYSTIFIÉE

Autrement**Frontières**

Collection dirigée par Henry Dougier

www.autrement.com

Le suivi éditorial de cet ouvrage a été réalisé par Chloé Pathé.
Les cartes et infographies ont été réalisées par Aurélie Boissière.

Illustration de couverture : © Alex Webb (détail)/Magnum Photos

BENOÎT CHERVALIER

LA MONDIALISATION DÉMYSTIFIÉE

Un iPhone à Bamako

Préface par Pascal Lamy

Éditions Autrement**Frontières**

PRÉFACE par Pascal Lamy

L'un des paradoxes de la globalisation réside dans la difficulté de percevoir au quotidien les bénéfices de l'ouverture aux échanges, tandis que les coûts, pourtant moindres, apparaissent plus visibles, tangibles et concentrés dans le temps et l'espace.

En quête d'explications, cet ouvrage s'appuie d'abord sur des faits pour exposer la complexité du sujet et proposer des éléments de réponse.

L'un de ces faits majeurs est sans conteste l'internationalisation des économies par le biais du commerce. Depuis 1950, le volume du commerce mondial a été multiplié par trente, soit plus de trois fois la croissance des économies. Par ailleurs, lorsque le Gatt a été créé il y a soixante ans, il ne comptait que 23 signataires. Aujourd'hui, l'Organisation mondiale du commerce (OMC) accueille 152 membres qui participent tous au commerce mondial et conviennent de se plier au même ensemble de règles.

Cette mondialisation a permis aux individus, aux entreprises et aux États-nations d'exercer à moindre coût une influence sans précédent à l'échelle mondiale, et d'en tirer fortement avantage. L'ouverture des échanges a ainsi favorisé l'essor de la liberté, de l'autonomie et de la démocratie, tout en offrant des possibilités exceptionnelles de dialogue et d'entente entre les cultures et les sociétés. C'est là l'aspect positif de la mondialisation.

Toutefois, celle-ci s'accompagne également de phénomènes préoccupants à l'échelle mondiale, tels que la rareté des ressources énergétiques, la détérioration de l'environnement, les mouvements migratoires provoqués par l'insécurité, la pauvreté et l'instabilité politique, ou même la volatilité des marchés financiers. Par ailleurs, on peut soutenir que la mondialisation a parfois renforcé les économies et les secteurs les plus solides, tout en affaiblissant les plus fragiles. Dans ce contexte, les opinions publiques s'inquiètent des effets potentiellement dommageables de l'ouverture des économies, délocalisations en tête.

La mondialisation est ainsi une réalité complexe, à plusieurs visages. Mais elle est également une réalité ancienne, aux nombreux développements historiques dont il s'agit de tirer les leçons. Le souvenir de la Grande Crise des années 1930, qui a été amplifiée par le protectionnisme commercial et a pesé lourd dans le déclenchement de la Seconde Guerre mondiale, semble effacé de certains esprits. Pourtant, c'est précisément pour éviter que cette tragédie ne se reproduise qu'ont été mis en place, sur la base de règles communes, des organes internationaux comme la Banque mondiale, le FMI ou le Gatt.

Pour éviter de renouveler les erreurs du passé en désignant de faux coupables, il faut épargner à la mondialisation en général, et à l'ouverture commerciale en particulier, une dommageable asymétrie de perception : alors que des millions de personnes voient leur pouvoir d'achat augmenter sans trop savoir comment, les victimes de la mondialisation sont tentées de désigner l'étranger ou les organisations internationales comme boucs émissaires de leurs difficultés personnelles. L'ouvrage de Benoît Chervalier touche juste en démontrant que si les défis sont globaux et les problématiques de plus en plus transversales, ils n'ont pas amoindri la responsabilité des États et des gouvernements. Au contraire, ils l'ont renforcée. La politique commerciale ne peut pas être dissociée des politiques macroéconomiques, sociales ou culturelles, qui doivent former un ensemble cohérent. Un contexte d'ouverture identique donnera ainsi des résultats différents selon la qualité des politiques intérieures. Les échecs ou les succès restent donc bien individuels avant d'être collectifs.

Benoît Chervalier a voulu écrire un livre à la fois original et audacieux qui se veut accessible à tous, sans dissimuler la complexité des enjeux et la pluralité des défis de la mondialisation. Car loin de se cantonner aux seuls aspects économiques, financiers ou commerciaux, il a notamment voulu mettre en évidence le rôle fondamental joué par les idées, leurs promoteurs et leur influence sur les décideurs publics et privés, dans un contexte d'échanges et de concurrence renforcés.

Le lecteur en conclura que si « le pire n'est pas toujours sûr », comme le relevait Paul Claudel, il appartient bien à chaque individu, à chaque entreprise, à chaque collectivité, à chaque État et gouvernement d'assumer ses choix en fonction du monde qu'il souhaite façonner.

Pascal Lamy
Directeur général de l'Organisation mondiale du commerce

INTRODUCTION

« Ce qui est simple est faux, ce qui est compliqué est inutilisable. »
Paul Valéry

Qu'est-ce qui relie un jeune Malien des faubourgs de Bamako et la présentation de l'iPhone à Palo Alto (Californie, États-Unis) ? Sur le papier, rien, car tout les oppose : le Mali est un des pays les plus pauvres de la planète ; Apple est une riche multinationale, et la Silicon Valley le lieu des innovations et des nouvelles technologies. Pourtant, ils partagent l'essentiel : ils vivent dans le même monde. La mondialisation a amené les téléphones portables non seulement dans les villes, mais aussi dans les territoires reculés d'Afrique, rendant ainsi possibles les communications entre deux mondes, deux temps qui paraissaient voués à ne jamais se rencontrer.

Pourtant, à la fin de la première décennie du XXIe siècle, la mondialisation est accusée de tous les maux : elle favoriserait la pauvreté, creuserait les inégalités, serait responsable des pertes d'emploi et des délocalisations, engendrerait la pollution, condamnerait les populations à la « malbouffe » et serait sous la domination d'une influence culturelle anglo-saxonne hégémonique. Au milieu des années 1990, elle représentait au contraire l'avenir, la croissance, le progrès. La mondialisation était qualifiée d'heureuse et la libéralisation des économies et du commerce devait être aussi répandue et rapide que possible.

Qu'est-ce donc que la mondialisation ? Galvaudée, mythifiée, honnie ou encensée, elle alimente les fantasmes. Mais les fantasmes ne favorisent ni la clairvoyance ni l'objectivité. Cet ouvrage a donc pour ambition d'apporter avant tout quelques éléments de réponse clairs à des problèmes complexes et de rappeler les faits au détriment des perceptions ou des intuitions.

Les faits imposent que la mondialisation, si elle n'en est pas toujours la cause unique, a contribué à ouvrir des perspectives inespérées à certaines personnes, certains groupes et certains pays. Des indicateurs de développement humain tels que l'alphabétisation, la scolarisation des enfants, la mortalité infantile, l'espérance de vie se sont beaucoup améliorés au cours des dernières décennies à un moment où les échanges internationaux se sont développés et où la croissance mondiale a été soutenue. Mieux, ces améliorations, après la décennie mitigée des années 1990, se sont à nouveau fortement accélérées au début du XXIe siècle. Ainsi, l'espérance de vie a augmenté entre 1990 et 2005 de six ans au Vietnam, de cinq ans en Turquie et au Brésil ; le taux d'alphabétisation s'est élevé sur la même période de 13 % au Maroc, de 12 % en Inde ou au Sénégal. Il serait trop rapide d'en conclure que la mondialisation est l'unique cause de ces améliorations, mais il est vrai que les pays qui ont noté une amélioration de ces indicateurs de développement ont connu une forte croissance économique. Ainsi, entre 1995 et 2005, hors variations dues aux taux de change, la richesse économique mesurée par le PIB a plus que doublé dans des pays aussi différents que l'Inde, le Brésil, le Mexique, le Mali, le Royaume-Uni, l'Afrique du Sud ou le Ghana ! Ce développement s'est appuyé sur une croissance sans précédent du commerce international puisque le montant total des exportations mondiales est passé de 3 675 milliards de dollars en 1993 à 10 159 milliards en 2005, soit une augmentation de près de 280 % en douze ans, et que les importations mondiales sont passées, elles, de 3 769 milliards de dollars en 1993 à 10 511 milliards en 2005.

Mais ces succès incontestables ont généré des attentes, des frustrations, des inégalités au Nord et au Sud, des transferts de capitaux, de richesse, de main-d'œuvre qui font que la mondialisation est aujourd'hui à une croisée des chemins.

La mondialisation est un terme unique qui englobe trois réalités différentes : mondialisation, globalisation et universalisation. Qu'en est-il exactement ?

De prime abord, la mondialisation pourrait être définie comme l'accroissement des mouvements de biens, de services, de main-d'œuvre, de technologie et de capital à l'échelle internationale. Elle recouvre en réalité une bien plus riche diversité de sens.

Le terme apparaît dans le débat public essentiellement au cours des années 1990, d'abord sous l'influence des thèses défendues par le philosophe Marshall McLuhan qui voient émerger l'idée d'un « village global », ensuite par les espoirs soulevés après la chute du communisme. On parle alors de dividendes de la paix, de prospérité, d'une harmonie que l'humanité, après tant de guerres, de crises, de violences, aurait atteinte. L'historien Francis Fukuyama[1] se sentit alors suffisamment en confiance pour affirmer que l'histoire était finie. La réalité a vite repris le dessus. Les crises financières des années 1990, mexicaine, russe puis asiatique, le maintien d'une pauvreté élevée alors que le nombre de riches s'accroît et bien évidemment le 11 septembre 2001 vont bousculer les espoirs suscités par la chute du communisme. La mondialisation heureuse va laisser la place à un visage tout autre, marqué par l'émergence des mouvements antimondialistes et altermondialistes qui attirent, par leurs actions, l'attention sur un autre monde qu'il faudrait créer.

La distinction entre « mondialisation » et « globalisation » est propre à la langue française. « Mondialisation » se traduit en effet par *globalization* en anglais, terme repris par la plupart des autres langues (l'allemand dit, par exemple, *Globalizierung*). D'un point de vue étymologique, les mots « monde » et « globe » sont suffisamment proches pour que « mondialisation » et « globalisation » soient synonymes dans leur emploi initial en français, le terme « mondialisation » apparaissant pour la première fois dans le dictionnaire en 1964 et le terme « globalisation » en 1965.

Dans un sens étroit, la mondialisation désigne l'explosion du commerce international depuis 1945, dont la baisse des droits de douane et des coûts tant de transport que des capitaux a été le facteur déterminant. Si des différences sémantiques existent entre les spécialistes[2], nous assimilerons ici mondialisation à globalisation. De son côté, l'universalisation peut être comprise comme la diffusion de références admises, autrement dit la constitution d'un monde où les mêmes valeurs seraient partagées par tous.

En tout état de cause, la mondialisation désigne un processus historique par lequel des individus, des activités humaines et des structures politiques voient leur dépendance mutuelle, leurs échanges matériels autant qu'immatériels et leur mobilité s'accroître dans le temps et dans l'espace. Elle définit donc l'interdépendance croissante des économies et contribue à l'expansion des échanges et des interactions humaines. Ainsi, la

---

1. Fukuyama Francis, « The End of History », *The National Interest*, 1989.
2. Voir lexique, p. 147.

mondialisation a transformé le commerce, les finances, les emplois, les systèmes sociaux, les migrations, les transports, les communications, les modes de vie et les cultures.

Il y a interdépendance lorsque ses propres décisions sont liées, voire dictées, par ce que font les autres. Cela vaut pour les États comme pour les entreprises. Si un pays peut faire du tort à d'autres pays en prenant unilatéralement des mesures commerciales, financières ou politiques – ainsi, la dévaluation d'une monnaie, la déflation, la pollution de l'air ou des océans au-delà des frontières nationales entrent dans cette catégorie –, l'interdépendance se mesurera alors par le coût d'une séparation. Plus le coût est élevé pour un pays, plus ce pays est dépendant. En accroissant l'interdépendance entre les États, la mondialisation a donc renforcé les liens qui unissent les États les uns aux autres. Autrement dit, quasiment plus aucun État ne pourrait aujourd'hui prendre de décisions qui seraient sans conséquences pour les autres.

La mondialisation est loin d'être un phénomène contemporain puisque les premières formes de mondialisation remontent à la constitution des empires avant J.-C. Puis, les grandes découvertes des XVe et XVIe siècles ont permis le décloisonnement du monde ; le XIXe siècle l'a transformé à l'appui des avancées techniques et scientifiques. Enfin, la mondialisation s'est accentuée dans le monde actuel. Autrement dit, dans le domaine économique, les entreprises et les marchés s'étendent désormais à l'ensemble de la planète ; dans le domaine politique, la mondialisation a renforcé l'interdépendance des États. Par conséquent, l'interaction va s'accélérer, notamment en s'appuyant de plus en plus sur les nouvelles technologies, partout et de plus en plus vite. Le début du XXIe siècle ouvre donc une nouvelle ère, faite d'espoirs et de craintes, d'opportunités et de menaces.

Deux profils se dessineraient : les gagnants et les perdants de la mondialisation. Les gagnants bénéficient d'une grande mobilité géographique, ils savent tirer parti des différences entre les territoires et les espaces. Au niveau du capital humain, ils savent changer souvent de fonctions et de postes, s'adaptant aux nouvelles nécessités et sachant même en saisir les opportunités. De l'autre côté de la barrière, les perdants sont fixes, non mobiles. Attachés à des lieux, ils perçoivent la mobilité comme une contrainte. Ils sont souvent peu qualifiés ou disposent de qualifications peu utiles pour bénéficier d'une bonne insertion économique. Les gagnants et les perdants se situent au Nord comme au Sud. La fracture entre mobilité et immobilité constitue une conséquence évidente de la mondialisation.

Parallèlement, la mondialisation est un bouc émissaire facile. Facile parce que ces évolutions n'interviennent pas dans un cadre fixe ; elles sont profondément liées aux mutations engendrées par le progrès technique. Facile aussi parce que, à contraintes équivalentes, des pays obtiendront des résultats très différents. La mondialisation a-t-elle donc déresponsabilisé les États ou les a-t-elle au contraire plus que jamais remis au centre du jeu mondial ?

Enfin, l'hégémonie d'un modèle économique et culturel tant redoutée par beaucoup semble aujourd'hui contestée. La globalité renforce le besoin d'identifications locales et de diversité. La mondialisation est aussi celle des idées et celles-ci, émanant de multiples horizons, exercent une influence sans cesse croissante sur les décisions des citoyens, des entreprises ou des pouvoirs publics.

Dans ces conditions, à quoi ressemble la nouvelle grammaire du monde ? Comment est-il possible d'en définir la trajectoire et le contenu ?

Ce livre n'ambitionne pas d'analyser en détail toutes les formes de la mondialisation (culturelles, sociologiques, politiques ou économiques) ni d'apporter une réponse unique à ses succès ou à ses échecs actuels ; la criminalité, le terrorisme, la drogue, les guerres civiles, les maladies sont autant de domaines qui ont aujourd'hui une dimension planétaire et ont vocation à être traités de manière globale. Cet ouvrage tentera avant tout de comprendre les ressorts et les manifestations de la mondialisation ainsi que les débats actuels sur ce thème et de les illustrer à travers l'évolution historique des géographies et des hommes. Première leçon méthodologique : la modestie. La vérité unique n'existe pas, il n'y a que des faits et des réalités. Laura Tyson, ancienne conseillère économique de Bill Clinton, n'a-t-elle pas estimé à Davos, forum des grands du monde, que l'humilité est indispensable pour aborder les questions du monde ?

1. LA MONDIALISATION : UNE RÉALITÉ ANCIENNE

« Aujourd'hui nous recevons trois éducations différentes ou contraires : celle de nos pères, celle de nos maîtres, celle du monde. Ce qu'on nous dit dans la dernière renverse toutes les idées des premières. »
Michel de Montesquieu

Le terme « mondialisation » est récent dans l'Histoire puisqu'il n'apparaît officiellement dans le dictionnaire qu'en 1964. Pour autant, sa réalité est ancienne, très ancienne. Trois périodes se distinguent. Les origines de la mondialisation couvrent une période allant de la constitution des grands empires aux Grandes Découvertes. Ensuite, le monde des années 1850 à 1914 voit la mondialisation se développer fortement en parallèle avec les avancées technologiques et scientifiques. Enfin, depuis le début des années 1970, la mondialisation n'a cessé de s'intensifier et connaît une accélération depuis la fin des années 1990.

Les marchands, les soldats, les marins, les prêtres ont joué un grand rôle dans le processus de mondialisation, à l'instar de la route de la Soie qui reliait l'Europe à l'Asie bien avant le XIIIe siècle. Les empires ont tiré leur unité des échanges qui ont su s'instaurer entre des régions et des pays très différents. Ils ont été les précurseurs de ce que l'on va appeler mondialisation. La conscience du monde n'existe pas encore vraiment, mais les notions d'échange, de découverte, d'invention prennent déjà tout leur sens.

Les grands empires : aux origines de la mondialisation

Sous l'Antiquité, on peut situer une première expression de ce processus à partir de 2000 av. J.-C. mais cette tentative sera brève. Les échanges commerciaux seront stoppés par l'irruption d'envahisseurs indo-européens à la fin du IIe millénaire. Une deuxième tentative aura lieu à partir de la fondation de l'Empire perse. Ce dernier permet que s'établisse un lien commercial indirect entre les colonies phéniciennes et grecques et les cités indiennes. Les Grecs vont ainsi prendre pleinement conscience de l'étendue du monde.

Il est particulièrement instructif de voir que la destruction de l'Empire perse et la formation des États grecs vont accroître sensiblement ce début de mondialisation. Il est ainsi étonnant de remarquer le brassage des populations : après les conquêtes d'Alexandre, les Grecs vont s'installer un peu partout dans l'Empire perse. En conséquence, des cités cosmopolites vont émerger à l'image d'Alexandrie, peuplée de Grecs, d'Égyptiens, de Juifs et d'Orientaux. Une culture mondiale apparaît alors et la culture grecque devient la culture universelle que s'efforcent d'acquérir les non-Grecs (la bibliothèque d'Alexandrie contenait des textes indiens et bouddhistes). Les formes classiques de la mondialisation apparaissent, avec l'extension géographique des échanges et le développement d'un commerce particulièrement florissant, essentiellement parce qu'Alexandre y réinjecte les liquidités que les Perses avaient accumulées.

Les Grandes Découvertes, accélératrices du processus

Les premières découvertes ne remontent ni à Magellan, ni à Christophe Colomb, ni même à Vasco de Gama, mais à un navigateur originaire d'une ancienne civilisation. En effet, le premier véritable explorateur ne fut pas un Européen mais... un Chinois !

L'artisan de cette première expédition mondiale fut Zheng He. Le 11 juillet 1405, la plus grande flotte de l'histoire prend le large. À la tête de deux cents navires et d'un peu moins de 30 000 hommes embarqués (des soldats mais aussi des médecins, juristes, interprètes, scientifiques), « l'amiral des mers de l'Ouest », comme est appelé Zheng He, met le cap sur l'océan Indien. Les Chinois sont à l'époque bien plus avancés que les Européens dans de nombreux domaines : ils maîtrisent la boussole de navigation, inventée au XIe siècle, le gouvernail d'étambot, fixé à l'arrière du navire, et possèdent bien sûr des navires à plusieurs mâts, si bien qu'en

Les grandes explorations des XVᵉ et XVIᵉ siècles

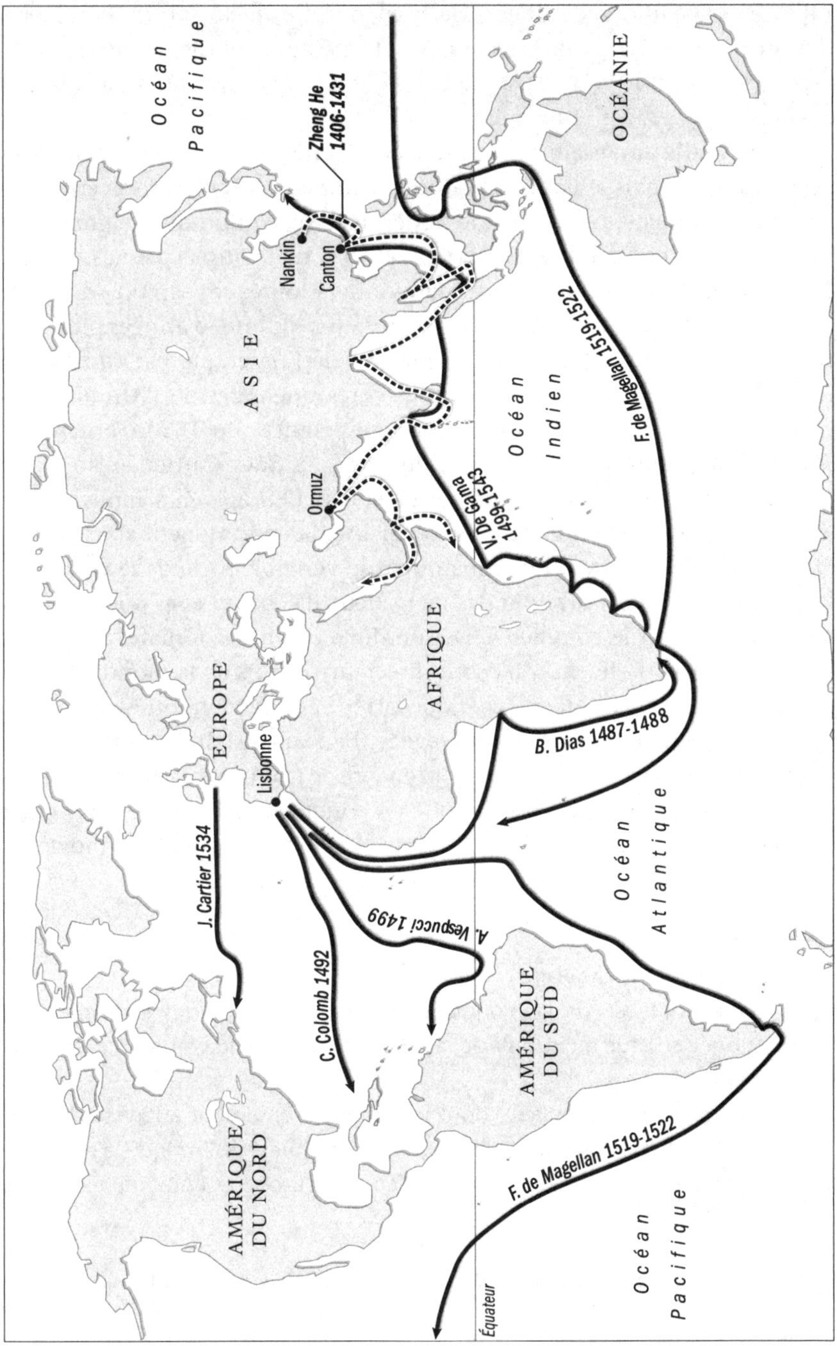

1406, les expéditions de Zheng He le mènent jusqu'au sud de l'Inde et à Ceylan (l'actuel Sri Lanka). De 1413 à 1415, après plusieurs autres expéditions, il atteint le golfe Persique et les côtes de l'Afrique orientale puis les environs de Zanzibar (Tanzanie).

Le monde aurait ainsi pu basculer si Zheng He avait pu continuer ses explorations[1] ; mais le pouvoir politique chinois en décida autrement en se refermant complètement. Lors de sa dernière expédition qui l'emmena en Inde et en Arabie Saoudite, l'amiral de l'Ouest ne revit plus jamais la terre. La Chine confucéenne, après lui, abandonnera toutes ces explorations et se repliera complètement sur elle-même. Plusieurs dizaines d'années plus tard, en 1497, soit cinq ans après la découverte de l'Amérique par Christophe Colomb, Vasco de Gama atteindra les côtes orientales de l'Afrique, puis l'Inde en contournant le cap de Bonne-Espérance. En 1520, Fernand de Magellan atteindra le Pacifique et, en 1533, Jacques Cartier explorera le Saint-Laurent. Le monde bascule en faveur de l'Europe en s'appuyant sur une mondialisation commerciale et religieuse. Les ports jouent alors un rôle majeur dans la mesure où ils constituent le véritable socle de la mondialisation commerciale. Carrefour des mers, lieux d'échanges, les ports structurent et organisent le commerce. Des produits comme la tomate, le maïs, la pomme de terre ou le chocolat sont directement issus de la mondialisation puisqu'ils n'existaient qu'en Amérique latine et ont été importés en Europe. Mais ces échanges comportent des revers. Il en va ainsi du commerce triangulaire qui s'appuie sur l'esclavage, ou encore de la propagation des maladies venant d'Europe (grippe, choléra) que les conquistadors transmettront aux populations indigènes. L'évangélisation forcée des populations indigènes consacre la diffusion des croyances à d'autres peuples.

Le commerce triangulaire

Forme honteuse de la mondialisation, le commerce des esclaves, dont l'apogée se situe au XVIIIe siècle, a assuré la richesse du commerce des pays exploitants.

Le commerce triangulaire, dont les origines remontent au XVe siècle avec les expéditions portugaises le long de la côte ouest de l'Afrique, a constitué un trafic entre trois continents : l'Afrique, l'Europe et l'Amérique du Sud.

1. Gavin Menzies, un historien britannique, soutient même la thèse que Zheng He aurait « découvert » l'Amérique près d'un siècle avant Christophe Colomb. MENZIES GAVIN, *1421, l'année où la Chine a découvert l'Amérique*, traduction française de Julie Sauvage, Paris, Éditions Intervalles, 2007.

En Amérique, les produits, en Europe, les consommateurs et en Afrique, les esclaves.

Plusieurs produits ou plantes vont devenir à la mode en Europe, notamment parce que certaines espèces sont impossibles à y cultiver : la canne à sucre, le cacao, le coton, le riz, le tabac, etc. La demande européenne s'est fortement amplifiée au cours du XVIIIe siècle, d'abord dans l'aristocratie puis dans le peuple ; la demande en café et en sucre notamment va exiger des productions de plus en plus importantes. Dès lors, une logique implacable se met en place pour assouvir les besoins européens qui aboutira, par ailleurs, à l'instauration d'un modèle économique extrêmement rentable.

Le commerce triangulaire se développe ainsi en trois étapes : les négriers, d'abord, se pourvoient en esclaves auprès des chefs de tribu sur la côte occidentale de l'Afrique en échange de produits européens ; ensuite, après une traversée dans des conditions épouvantables, les esclaves sont vendus aux Antilles, au Brésil ou dans les Amériques anglaises ; enfin, les négriers retournent en Europe, leurs bateaux remplis de marchandises.

En quatre siècles, ce sont entre 12 et 15 millions d'hommes qui auront été sacrifiés.

La Renaissance connaît par ailleurs d'autres bouleversements fondamentaux avec l'invention de l'imprimerie par l'Allemand Gutenberg et avec la prise de conscience de la rotondité de la Terre ; l'homme n'est donc pas isolé. Ainsi, au cours des XVe et XVIe siècles, un véritable « décloisonnement » du monde s'opère.

L'intégration de l'économie malgré les soubresauts protectionnistes (1850-1914)

Le développement des moyens de communication, de transport et d'information participe beaucoup à l'intégration de l'économie mondiale. Les mouvements de capitaux et de marchandises, mais aussi les mouvements migratoires sont très importants grâce, notamment, à l'utilisation de l'étalon-or, véritable norme monétaire internationale. Cette longue phase de mondialisation a vu le développement de pays tels que le Canada ou l'Australie. Mais cette phase de l'histoire du monde globalisé s'achèvera avec la Première Guerre mondiale.

La fin du XVIIIe siècle et la première moitié du XIXe siècle vont donner naissance au corpus idéologique du libre-échange qui trouvera sa traduction et ses résultats concrets dans la seconde moitié du XIXe siècle.

Pour différentes qu'elles soient dans leurs conclusions, les théories traditionnelles de la spécialisation des échanges partent d'hypothèses communes. Tout d'abord, le pays constitue le cadre d'analyse retenu : les auteurs raisonnent au niveau macroéconomique, en termes d'avantages comparatifs ou d'avantages absolus. Ensuite, ces théories traditionnelles expliquent le commerce international par l'existence de différences entre les pays, différences qui se traduisent dans les prix relatifs des produits. En dernier lieu, les théories classiques du commerce international montrent que la spécialisation et l'ouverture à l'échange sont préférables à l'autarcie : les pays ne peuvent guère perdre à l'échange même si la répartition du gain peut être inégale entre les pays.

Ainsi, à la fin du XVIIIe siècle, Adam Smith[2] (1723-1790), prenant l'exemple du drap britannique et du vin portugais, démontre que le Portugal dispose d'un avantage absolu, sur le Royaume-Uni dans la production de vin alors que le Royaume-Uni dispose d'un avantage absolu sur le Portugal dans la production de drap. Les deux pays se différencient donc par des productivités du travail dissemblables dans les deux biens. Smith démontre alors que chaque pays a intérêt à se spécialiser dans le bien pour lequel il dispose d'un avantage absolu. Si les deux pays échangent, à quantité de travailleurs donnée, il est possible d'obtenir, par la spécialisation internationale, une production mondiale de vin et de drap supérieure à celle obtenue en situation d'autarcie.

Non seulement chaque pays a intérêt à se spécialiser dans le bien pour lequel il dispose d'un avantage absolu mais les pays ont un intérêt mutuel à se spécialiser et à s'ouvrir : l'échange international est un jeu à somme positive. Cette vision est tout à fait novatrice pour l'époque. Rappelons en effet que les auteurs mercantilistes du XVIe siècle, et notamment le courant français, appréhendaient le commerce international comme un jeu à somme nulle : Jean Bodin (1530-1596) et Antoine de Montchrestien (1575-1621) estimaient que le gain d'un pays se faisait nécessairement au détriment des partenaires.

Mais le modèle de Smith s'est heurté à deux limites principales. Tout d'abord, si les deux pays gagnent à l'échange, cela ne signifie pas pour autant

---

2. SMITH ADAM, *Recherches sur la nature et les causes de la richesse des nations* (1776), Paris, Economica, 2000.

qu'ils en retirent un gain identique. Ensuite, la spécialisation n'est possible que si un pays dispose d'un avantage absolu : dans le cas contraire, il ne peut prendre part au commerce international.

C'est précisément pour lever ces limites que David Ricardo (1772-1823) a développé un modèle en termes d'avantages comparatifs. Ricardo fonde l'origine de l'échange international sur des différences relatives de productivité : à la différence du modèle smithien, tout pays peut désormais participer au commerce international, même s'il dispose d'un désavantage absolu dans les deux biens.

Ricardo[3] part d'hypothèses semblables à celles de Smith : soit deux pays et deux produits ; il montre que chaque pays a intérêt à se spécialiser dans le bien où il dispose de la productivité la plus forte. Il reprend l'exemple du Portugal et du Royaume-Uni, en supposant que les coûts de production d'une unité de drap et d'une unité de vin sont moins élevés au Portugal qu'au Royaume-Uni. Il démontre alors que le Portugal, s'il dispose d'un avantage absolu dans les deux biens, est plus efficient dans la production de vin, que dans celle du drap ; inversement, le Royaume-Uni, s'il dispose d'un désavantage absolu dans les deux biens, est plus performant dans la production de drap que dans celle de vin. Donc, le Portugal a intérêt à se spécialiser dans la production de vin, et le Royaume-Uni dans la production de drap. La théorie de Ricardo montre que le commerce international est toujours un jeu à somme positive : les deux parties réalisent un gain à l'ouverture, par rapport à la situation initiale d'autarcie.

Le modèle de Ricardo ne fournit cependant aucune indication quant à la répartition du gain né de la spécialisation : si le Royaume-Uni et le Portugal gagnent à l'échange international, cela ne signifie pas qu'ils gagnent la même chose.

John Stuart Mill (1806-1873) a donc prolongé la théorie des avantages comparatifs sur ce point en introduisant le rôle de la demande mondiale. Si le vin est faiblement demandé au niveau mondial, le prix du vin va tendre vers celui pratiqué en autarcie au Portugal ; à l'inverse, s'il est fortement demandé, le prix du vin va tendre vers le prix d'autarcie au Royaume-Uni. Minimaliste du libre-échange, il recommande un libre-échange bilatéral, étape par étape.

---

3. Ricardo David, *Principes de l'économie politique et de l'impôt* (1817), Paris, Flammarion, 1993, chap. vii.

Face à des doctrines libérales élaborant les bénéfices à commercer davantage, le courant protectionniste va également développer ses thèses, même s'il apparaît comme un phénomène multiforme.

Il est utile de distinguer les courants protectionnistes dans la mesure où ils n'entraînent pas les mêmes effets sur l'économie nationale et portent, à cette époque, essentiellement sur des variables prix ou quantités. Le tarif douanier se définit comme un protectionnisme, par les prix : il s'agit d'une taxe qui rend le produit plus cher et permet l'accroissement des recettes de l'État. Défendu dès le XVIe siècle par les mercantilistes français, le tarif douanier a longtemps constitué la principale modalité du protectionnisme, et ce jusqu'à la Seconde Guerre mondiale. À la différence du tarif douanier, le quota représente un protectionnisme par les quantités : il consiste à limiter, en volume ou en valeur, le montant des importations.

Les doctrines favorisant la pensée protectionniste vont également foisonner, mais essentiellement durant la seconde moitié du XIXe siècle.

Friedrich List (1789-1846) avait vanté durant le début du XIXe siècle le protectionnisme éducateur en tant qu'il représente une période transitoire au développement économique. Il est le promoteur de l'Union douanière allemande, qui fixe en 1834 un tarif extérieur commun, appelé *Zollverein*, pour se protéger de l'Angleterre (instauration d'un libre-échange entre États allemands et d'un tarif douanier à l'extérieur de l'Union). Autrement dit, il ne conçoit pas le protectionnisme comme un état permanent, mais comme une condition à long terme de l'ouverture au libre-échange.

De son côté, Henry Charles Carey (1793-1879) incarne le protectionnisme néomercantiliste de la seconde moitié du XIXe siècle ; il estime que les matières premières jouent un rôle fondamental puisque les pays doivent détenir de l'or. Il traduira sa théorie selon l'adage : « Laissez faire mais ne laissez pas passer. »

Charles Dupont-White (1807-1878) a, quant à lui, développé à la même période l'idée d'un protectionnisme amortisseur de crise.

À partir de 1873, les marchés se contractent, situation qui durera jusqu'en 1896. Les États cherchant plutôt à se protéger, le protectionnisme va donc prospérer.

En Europe, l'Allemagne de Bismarck met en place une politique de protection douanière, même si son objectif premier n'est pas protecteur mais centralisateur. En France, une première loi douanière est adoptée en 1881.

Hors d'Europe, les États-Unis, en 1890, ont voulu protéger l'industrie du Nord-Est. Le Japon retrouve de son côté son autonomie tarifaire après la guerre de 1905. Et la Chine renégocie avec l'Angleterre en signant le traité MacKay en 1902. Seul le Royaume-Uni reste le dernier bastion libre-échangiste, surmontant les tentations protectionnistes.

Ces débats douaniers étaient très liés à la conjoncture, aux débats idéologiques et économiques. Mais beaucoup d'économistes estiment que si le Royaume-Uni est resté libre-échangiste, c'est, d'une part, parce que ses pauvres ont émigré vers les États-Unis et, d'autre part, parce que les propriétaires terriens ont perdu de leur influence au profit de la classe ouvrière capable d'acquérir des denrées plus chères.

Le XIXe siècle marque véritablement l'essor de la révolution industrielle. Le ressort essentiel du processus est alors l'abaissement des coûts de transport, avec la généralisation de la machine à vapeur, et celui des coûts de communication, avec le télégraphe. Ces deux éléments permettent la mise en relation des différentes parties du globe et d'importants transferts d'hommes, de biens et de savoirs en fonction des inégalités de peuplement, de richesse et de pouvoir.

Alors qu'en Europe la révolution agricole éloigne les paysans de leur terroir et que les villes absorbent avec difficulté la hausse soudaine de la population du Vieux Continent (elle quadruple entre 1750 et 1900), les Occidentaux migrent massivement à travers le monde (Amériques, Australie, Algérie...). Ces flux de population modifient en profondeur la répartition de la main-d'œuvre au niveau mondial.

Au niveau économique, l'industrialisation rend possible le développement d'échanges de produits manufacturés entre pays industrialisés ou en cours d'industrialisation, tandis que la colonisation entraîne des flux de matières premières depuis les colonies vers l'Europe. L'impact économique de ces échanges est cependant faible au regard de celui induit par les migrations mondiales. La colonisation a également pour effet d'intégrer l'essentiel de la planète dans un espace politique commun et de favoriser des transferts financiers entre pays ainsi que vers leurs colonies.

Dans le domaine culturel, la multiplication des récits de voyage ou des effets de mode comme le japonisme montre la montée en puissance dans l'imaginaire européen d'autres cultures, elles-mêmes souvent mises à mal par la colonisation. Jules Verne fait faire à Phileas Fogg *Le Tour du monde en 80 jours*, grâce au génie technique européen. À cette époque cependant, le mondialisme trouve sa première expression d'ampleur sur le socle du marxisme avec la fondation des Internationales.

De 1830 à 1914, le taux de croissance annuel moyen du commerce international apparaît supérieur à celui de la production (il passe de 1,9 milliard de dollars en 1820 à 38 milliards en 1913). Le taux d'ouverture pour la France (défini par le ratio montant des exportations/PIB) passe de 7,5 % en 1850 à 15,3 % en 1913. Mais le protectionnisme de la fin du XIXe siècle a laissé des traces. Si ses origines politiques ont été en partie antérieures à la révolution industrielle, la traduction politique concrète aboutit à l'essor des nationalismes : pangermanisme en Allemagne, chauvinisme revanchard en France, jingoïsme anglais. C'est le début des grands programmes militaires.

La mondialisation d'un nouveau genre, de l'économie au politique : les guerres mondiales (1914-1945)

Les débuts du XXe siècle sont marqués par une méfiance croissante à l'égard des échanges mondiaux, entraînant le repli de nombreux pays sur eux-mêmes au détriment du processus de mondialisation.

Le phénomène commence dans le secteur où les échanges étaient les plus importants, celui des flux humains. En mettant en place des quotas d'immigration (1911 pour les Asiatiques, 1921 pour les autres populations), les États-Unis arrêtent brutalement le flux le plus important, tandis que les révolutions russes privent l'Europe d'un important partenaire commercial et financier.

Les tensions politiques diverses vont déboucher sur la Première Guerre mondiale malgré les appels universalistes de personnalités politiques comme Jean Jaurès (« Ouvriers de tous les pays, unissez-vous contre la guerre »). La mondialisation des convictions n'aura pas lieu. Jean Jaurès est assassiné le 31 juillet 1914 et les préférences nationales vont entraîner une autre forme de mondialisation, celle du conflit.

La guerre sera sanglante et ruineuse. Le monde va basculer. L'Europe ne le sait pas encore, mais la période où elle dominait le monde est révolue.

Malgré l'euphorie des années 1920, conséquence du traumatisme de la Grande Guerre, les frustrations vont s'accumuler, les malentendus aussi. Attirés par l'appât du gain facile, dans un contexte où les actions peuvent être achetées à crédit (4/5 des acquisitions en 1929), les spéculateurs se multiplient. Le volume des prêts passe de 2,5 milliards en 1926 à 6 milliards de dollars en 1929. L'indice des valeurs boursières monte dans le même temps de 100 à 216. Or cette hausse excède à l'évidence l'évolution de la valeur réelle des entreprises, dont ni le capital ni la valeur réelle n'ont doublé en trois ans. Ainsi, entre 1929 et 1933, le commerce international diminue de 25 % en volume et de 60 % en valeur. Les germes de la crise apparaissent ; il ne lui manque qu'un détonateur. Ce sera la crise financière de 1929, qui engendrera la crise commerciale.

Représentant 62 % du commerce total en 1913, l'Europe voit sa part diminuer à 55 % en 1938, au profit des États-Unis, des pays colonisés et du Japon. Le recul de l'Europe s'accompagne d'une forte baisse du commerce intra-européen, qui passe de 36 % du commerce total en 1913 à 29 % en 1938. En particulier, à la suite de la crise de 1929, les pays européens réorientent leur commerce à destination de leurs colonies ou de leurs zones d'influence.

Les réponses à la crise se sont traduites par un retour généralisé au protectionnisme tarifaire. Dès 1930, les États-Unis, par le Hawley Smooth Tariff, élèvent leurs taxes douanières de 40 % ; le Royaume-Uni suit la même voie en 1931 avec l'Abnormal Importations Act et en 1932 avec l'Import Duties Act ; de son côté, la France relève les taux de son tarif douanier à trois reprises (1931, 1932, 1933). D'un autre côté, les quotas ont été très utilisés pendant la Grande Guerre, et ont constitué une modalité d'accompagnement du protectionnisme tarifaire au cours de la Grande Crise.

Les années 1930 ont marqué le repli des économies sur elles-mêmes, à l'image des événements politiques.

Si la Première Guerre mondiale présentait déjà, par rapport aux conflits du XIXe siècle, une ampleur territoriale bien supérieure qui avait permis de parler, sans exagération, d'une guerre mondiale, la seconde l'est davantage encore, le nombre de pays impliqués n'ayant jamais été aussi élevé. La Grande-Bretagne et la France ripostent à l'invasion de la Pologne (septembre 1939) en déclarant la guerre à l'Allemagne. Cette dernière envahira le Danemark, puis la Norvège, en avril 1940. C'est, un mois plus tard, l'ouverture des opérations effectives sur le front ouest et l'invasion simultanée du Luxembourg, de la Belgique et des Pays-Bas puis de la France. Au début de l'automne 1940, l'Italie attaque la Grèce. Au printemps 1941, Allemands et Italiens envahissent la Yougoslavie et la Grèce. Le renversement des alliances le 22 juin 1941 jette l'Union soviétique dans la guerre. Puis, en décembre 1941, l'attaque japonaise de Pearl Harbor entraîne les États-Unis dans le conflit. En même temps, ou presque, le Japon porte les opérations en Asie du Sud-Est, contre la Grande-Bretagne à Singapour et en Malaisie, contre les Pays-Bas en Indonésie. Il ne faut pas oublier que le conflit extrême-oriental, commencé dès 1932 avec la conquête de la Mandchourie, est étendu en 1937 par l'attaque du Japon contre la Chine.

Tous les continents sont entraînés dans le conflit et des opérations se déroulent simultanément sur l'Atlantique et le Pacifique. Les conséquences de la guerre sont à la mesure de l'ampleur des protagonistes impliqués. Environ 50 millions de morts, des territoires entièrement détruits, des économies proches de l'anéantissement.

Après 1945, le monde a compris qu'il irait à la catastrophe s'il n'arrivait pas à régler ses conflits potentiels autrement que par la force.

La mise en place d'un nouveau monde : la création des grandes organisations internationales après 1945

Au niveau politique, tirant le bilan de l'échec de la Société des Nations créée à la fin de la Première Guerre mondiale, une nouvelle organisation naît : l'Organisation des Nations unies (ONU). Composée d'un Conseil de sécurité auquel siègent cinq membres permanents (France, Royaume-Uni, États-Unis, Russie, Chine) et d'une Assemblée générale, elle devra gérer les conflits, maintenir la paix et, au besoin par la force, la rétablir.

En matière économique et financière, le Fonds monétaire international (FMI) est créé lors de la conférence de Bretton Woods en 1944. Il aura comme mission principale d'assurer la stabilité financière mondiale afin d'éviter l'instabilité financière que le monde avait connue à l'issue de la crise de 1929.

En matière de reconstruction et d'aide au développement, la Banque mondiale voit le jour comme sœur jumelle du FMI. Son siège étant aussi à Washington, elles seront appelées les institutions de Washington ou institutions de Bretton Woods.

En matière de commerce international, les Américains ont impérativement voulu éviter le recours aux politiques ou aux instruments protectionnistes des années 1930. C'est pourquoi ils ont souhaité instaurer une structure qui permette de négocier multilatéralement l'élimination progressive des obstacles aux échanges, c'est-à-dire, en premier lieu, les droits de douane.

À cet effet, deux négociations sont entamées en 1946 : l'une à New York pour créer une organisation internationale du commerce, l'autre à Genève sur la réduction des barrières douanières. La première se conclut en mars 1948 par la charte de La Havane, mais la non-ratification de cette dernière par le Congrès américain signe son arrêt de mort. Le commerce international n'aura donc pas d'organisation internationale au sens strict, sur le modèle du FMI et de la Banque mondiale en 1945. En revanche, les négociations de Genève débouchent en octobre 1947 sur un accord général de réduction des tarifs douaniers (Gatt). Il faudra attendre 1995 et les accords de Marrakech pour que le Gatt se transforme en une véritable Organisation mondiale du commerce (OMC), aujourd'hui présidée par le Français Pascal Lamy.

Il a souvent été reproché à l'OMC et globalement au commerce international de ne pas prendre en compte la dimension sociale du commerce ; autrement dit, celle des travailleurs. En réalité, une organisation spécifique existe déjà : l'Organisation internationale du travail (OIT). Fondée en 1919 sous l'égide du traité de Versailles, qui a mis fin à la Première Guerre mondiale, elle s'inscrivait dans le droit fil de la réflexion selon laquelle une paix universelle et durable ne peut être fondée que sur la justice sociale.

L'Organisation internationale du travail

En 1919, la création de l'OIT a constitué la réponse de la communauté internationale à un certain nombre de préoccupations sur le plan sécuritaire, humanitaire, politique et économique. Ainsi, selon les termes du préambule de la Constitution de l'OIT, les hautes parties contractantes étaient « mues par des sentiments de justice et d'humanité, aussi bien que par le désir d'assurer une paix mondiale durable ».

Face à l'interdépendance croissante des économies nationales, les grandes nations commerciales comprirent qu'il était dans leur intérêt de coopérer pour que les travailleurs aient partout les mêmes conditions de travail, ce qui leur permettrait d'affronter la concurrence sur un pied d'égalité. Toutes ces idées figurent dans le préambule de la Constitution de l'OIT qui précise notamment que le nombre d'heures de travail, y compris la fixation d'une durée maximale de la journée et de la semaine de travail, doit être réglementé ; qu'une activité doit garantir un salaire assurant des conditions d'existence convenables ; que la protection des travailleurs contre les maladies générales ou professionnelles et les accidents résultant du travail doit être assurée ; que le travail des enfants est interdit ; que des principes clairs tels que « à travail égal, salaire égal » ou la liberté syndicale doivent être respectés.

Le Bureau international du travail (BIT), le secrétariat permanent de l'OIT, s'installa à Genève dès l'été 1920. En 1946, l'OIT devint une institution spécialisée du tout nouveau système des Nations unies et, en 1948, la Conférence internationale du travail adopta la convention sur la liberté syndicale et la protection du droit syndical.

L'OIT se heurte au faible nombre de ses membres, ce qui limite son influence. Si des pays comme la France reconnaissent ses prérogatives et ses obligations, d'autres, à l'instar du Royaume-Uni, n'ont pas ratifié ce traité et ne se sentent donc pas liés quant à son application. Dans ces conditions, toute décision émanant de l'OIT ne vaut que pour ses membres et n'a donc qu'une portée limitée. L'organisation défendant les droits sociaux existe, mais ce sont les États désireux de la ratifier qui manquent.

Les Trente Glorieuses et l'apparition du terme « mondialisation »

Le terme « mondialisation » naît officiellement durant cette période (1964) ; le commerce mondial connaît alors un essor considérable. L'Europe se reconstruit. De 1945 à 1973, le monde, et en particulier les pays industrialisés, a connu une croissance économique soutenue, régulière, d'une ampleur inégalée sur une période aussi longue. Mais c'est en réalité une prospérité qui n'est réservée qu'à quelques-uns. Les pays non alignés, les pays du tiers-monde, en général fraîchement indépendants, en sont exclus.

La France, plus que d'autres, a particulièrement bénéficié de cette prospérité. Ainsi, entre 1945 et 1974, sa richesse par habitant a augmenté de 421 % pour atteindre 13 409 $ par an et par habitant, alors que cette progression n'a été « que » de 167 % pour l'Allemagne, 68 % pour le Royaume-Uni et 41 % pour les États-Unis.

C'est ainsi qu'un économiste français, Jean Fourastié (1907-1990), a baptisé cette période de « Trente Glorieuses », en écrivant : « Ne doit-on pas dire glorieuses les trente années qui ont fait passer la France de la vie végétative traditionnelle aux niveaux de vie et aux genres de vie contemporains[4] ? » Est-ce à dire qu'on peut parler de « miracle économique » à propos du relèvement et de l'expansion des États industrialisés, et notamment des vaincus de la guerre ? En fait, la croissance résulte de facteurs complexes et multiples qui relèvent à la fois des techniques, des hommes, des capitaux, du rôle de l'État ou des échanges. Elle s'effectue à travers de profondes mutations et d'amples déséquilibres économiques, sociaux, géographiques et financiers.

De 1945 au début des années 1970, le monde a connu une croissance économique spectaculaire. En termes réels, le produit national brut mondial est passé de l'indice 100 en 1950 à l'indice 170 en 1960, et 270 en 1970.

---

4. Fourastié Jean, *Les Trente Glorieuses*, Paris, Fayard, 1979.

Plus spectaculaire encore, cette croissance s'est effectuée sans recul d'une année sur l'autre.

De nombreux économistes célèbrent même la fin des crises et de ses malheurs. Le prix Nobel de science économique de 1970, Paul Samuelson (né en 1915), écrit alors : « Notre système d'économie mixte peut éviter les excès des booms et des dépressions et peut envisager une croissance progressive saine[5]. »

Ainsi, l'Italie a bénéficié d'un taux de croissance annuel moyen de 5,4 % malgré sa pauvreté en énergie et ses déséquilibres internes entre le Nord et le Mezzogiorno. Le miracle économique allemand (appelé le *Wirtschaftswunder*), avec l'appui du plan Marshall, connaît aussi une croissance élevée de 5,5 % de taux moyen annuel entre 1950 et 1970, marquée par une triple caractéristique : une monnaie forte, le Deutsche Mark, une inflation modérée et un commerce extérieur puissant et excédentaire.

Le Japon profite d'un taux record de croissance de près de 11 % lors des années 1950-1960. Dès 1968, le Japon supplante la RFA et devient le troisième grand, auréolé de ses réussites industrielles et commerciales.

L'URSS bénéficie également d'un taux de croissance très supérieur à la moyenne mondiale, son produit national brut ayant plus que quadruplé de 1950 à 1970. Impulsé par les besoins d'une énorme reconstruction, le développement économique affecte surtout l'industrie lourde, privilégiée par une planification centrale. Plusieurs réussites technologiques (Spoutnik en 1957 et le premier brise-glace atomique en 1959) hissent l'URSS au rang de deuxième grand, mais ne peuvent pas masquer de graves déséquilibres.

De leur côté, les États-Unis connaîtront un taux de croissance inférieur à la moyenne mondiale (moins de 4 % de 1950 à 1970) et une progression de l'investissement relativement lente. Toutefois, l'accroissement de la population active, de 65 millions à près de 95 millions au début des années 1970, la forte productivité, la grande avance technologique et la puissance extérieure des firmes multinationales rendent compte du doublement du produit national de 1950 à 1970. De plus, la qualité du produit américain l'emporte largement sur celle de ses concurrents anglais, français et japonais cumulés. D'autre part, les États-Unis demeurent, durant toute cette période, l'économie dominante à travers une triple suprématie : commerciale, financière et culturelle.

Parmi les pays occidentaux, seul le Royaume-Uni connaît un taux de croissance plus faible et plus irrégulier. Cela s'explique par le plafonnement

---

5. Samuelson Paul, *Economics. An Introductory Analysis*, Mc Graw Hill, 1948.

de la population active, la stagnation des investissements, le vieillissement des industries et la volonté de défense de la livre sterling (de 1949 à 1967) aux dépens de la compétitivité. Dans ces conditions, les exportations britanniques qui comptaient pour 11 % du total mondial en 1948 n'en représentent plus que 5,9 % en 1972.

Mais la croissance est inégalement répartie ; en réalité, la croissance du produit mondial résulte, pour une grande part, de celle de quelques pays développés. Six d'entre eux (États-Unis, URSS, Japon, RFA, France, Royaume-Uni) assurent en 1970 les deux tiers du produit mondial. Ainsi, au cours des Trente Glorieuses, le fossé s'est creusé entre le niveau de vie moyen des habitants des États industriels et celui des habitants des pays du tiers-monde.

Les deux décennies qui suivent la fin de la Seconde Guerre mondiale ont été marquées par une accélération des progrès des sciences et des techniques, perceptibles d'une double manière : tout d'abord, l'effort financier consenti pour la recherche et développement (R&D), ou recherche appliquée, s'est accru dans les années 1950-1960 pour se réduire relativement ensuite. D'autre part, le délai séparant la découverte en laboratoire de l'application industrielle (ou innovation) a diminué de manière spectaculaire (cent deux années séparent la découverte de la photographie de sa commercialisation, contre deux années pour le transistor). Ce développement scientifique et technique est, après l'explosion d'Hiroshima, profondément marqué par la compétition technico-militaire permanente entre les deux blocs pour s'assurer la suprématie mondiale.

Sur le plan énergétique, la période 1945-1973 est marquée par l'importance grandissante des hydrocarbures. La production de gaz naturel est multipliée par 20, celle du pétrole par près de 10. Ce dernier représente en 1973 plus de 40 % de l'énergie totale consommée dans le monde et jusqu'aux trois quarts du bilan énergétique de certains États, cette progression s'accompagnant du déclin relatif du charbon.

Dès les années 1950, la première génération de centrales électriques à combustible nucléaire est mise en service. Une centaine fonctionnent dans le monde en 1973. Mais à cette date, l'électricité nucléaire ne représente qu'une part marginale de la production énergétique.

Cette période est également marquée par l'essor des industries de pointe. La conquête spatiale connaît les progrès les plus spectaculaires, stimulés par la compétition américano-soviétique de la guerre froide. La recherche spatiale sollicite des progrès en amont dans la métallurgie, la chimie, l'électronique, et entraîne en aval une révolution des communications par la multiplication des satellites et la télédétection. L'essor de l'électronique bouleverse la production des biens de consommation à l'instar de l'invention du transistor en 1948. Cette révolution informatique commence, à l'aube des années 1970, à bouleverser la gestion des entreprises et des services publics, ainsi que les besoins de formation. Les découvertes de la biologie moléculaire depuis le début des années 1960 amorcent aussi le renouvellement des techniques de nutrition, de traitement des maladies, de production agricole, de protection de l'environnement...

Du côté des transports, cette nouvelle révolution affecte l'air, la mer et la terre. L'essor de l'industrie aéronautique est marqué par l'apparition de nouveaux long-courriers aux capacités de transport et à la vitesse accrues. En 1970, le Boeing 747 transporte 400 passagers en sept heures de New York à Paris, alors qu'un avion transportait 50 passagers en dix-huit heures vingt ans auparavant. Sur les mers, les constructions de navires géants spécialisés ou de porte-conteneurs dans les années 1960 transforment l'organisation des structures portuaires.

Le conteneur

Inventé par Malcolm McLean au lendemain de la Seconde Guerre mondiale, le conteneur avait comme objectif premier de simplifier les liaisons d'un port à l'autre. Pourtant, cette création va révolutionner le commerce international.

Jusqu'en 1956, les opérations de chargement et de déchargement s'opèrent de manière traditionnelle dans les ports du monde entier. Les produits arrivés par train ou par camion sont hissés dans le bateau un par un, manuellement ou à l'aide d'une grue. Une fois à bord, ils doivent être rangés en soute pour optimiser l'espace. Cette opération doit se reproduire au déchargement. Très coûteuses en temps et en hommes, ces manipulations sont difficiles.

Le conteneur va permettre de charger et de décharger très vite, avec un gain de place optimal et à un coût très inférieur. Dès lors, beaucoup d'entreprises vont pouvoir quitter les ports – parce qu'elles n'ont plus besoin d'être sur place –, où l'implantation était logiquement prohibitive ; les coûts de manutention vont baisser de manière considérable tout comme ceux du transport. Ils vont être divisés par quatre ou cinq. Dans ces conditions, une nouvelle géographie industrielle va pouvoir se mettre en place et le commerce international explosera à partir des années 1960.

Les transports terrestres connaissent également des progrès à travers ceux de l'automobile, l'électrification et la modernisation de trains à grande vitesse.

Les années de croissance sont aussi contemporaines d'un réveil démographique marqué par le baby-boom constaté dans les pays développés, des années 1940 au milieu des années 1960.

Surtout, l'après-guerre marque une amélioration du niveau de qualification des hommes. Cette population, mieux formée, orientée vers des secteurs plus modernes, réclame aussi un confort que propose la publicité et que permet le développement du crédit à la consommation.

Le rôle clé du commerce international

Le commerce international repose sur le principe de non-discrimination qui établit la clause de la nation la plus favorisée : ce principe assure un traitement identique entre tous les partenaires, en ce qui concerne la réciprocité des concessions tarifaires et la transparence des politiques commerciales (interdiction des pratiques dissimulées de protectionnisme).

Avec 23 signataires en 1947, le Gatt s'est transformé en 1995 par les accords de Marrakech en Organisation mondiale du commerce (OMC) et compte 152 membres en 2008.

Depuis la création du Gatt, des cycles de négociation appelés *Round* ont permis d'assurer le développement du commerce international. Ainsi, le Kennedy Round (1964-1967) a permis une réduction des droits de douane de 35 % en moyenne sur les produits industriels et de 20 % sur les produits agricoles. Le Tokyo Round (1973-1979) a abouti à une réduction de 33 % en moyenne des tarifs douaniers avec une harmonisation des niveaux entre les pays. Enfin, l'Uruguay Round (1986-1993) a marqué un tournant dans l'histoire du Gatt : 40 % des marchandises échangées se font en franchise totale ; toutefois, ce démantèlement tarifaire demeure différencié selon les secteurs et selon les régions : les droits de douane restent en moyenne plus élevés dans les pays en voie de développement que dans les pays développés ; des secteurs tels que le textile disposent de droits de douane supérieurs à la moyenne.

Depuis 1945, les tarifs douaniers ne constituent plus un outil privilégié de protection et ont régulièrement baissé. Ainsi, les différents cycles de négociations multilatérales dans le cadre du Gatt ont permis de faire passer en moyenne les barrières tarifaires de 40 % en 1947 à moins de 4 % aujourd'hui.

Au cours de cette période, le taux de croissance annuel moyen du commerce international apparaît supérieur à celui de la production : de 6,1 %

sur la période 1953-1963 (contre 4,1 % pour le revenu mondial) à 8,9 % sur la période 1963-1973 (contre 5,1 % pour le revenu mondial).

Les Trente Glorieuses sont donc pour le commerce international une période exceptionnelle en termes à la fois de taux de croissance et de durée. Cinq raisons sont généralement invoquées pour rendre compte de cette croissance du commerce international : une croissance économique soutenue et assez régulière ; le démantèlement progressif des barrières tarifaires sous l'impulsion du Gatt ; l'essor des moyens de transport (en particulier aérien) ; l'instauration d'un système de taux de change fixes limitant la volatilité du taux de change, qui a également apporté une meilleure stabilité ; enfin, la mise en place de zones d'intégration régionale renforçant les dynamiques régionales (ce fut naturellement le cas avec l'Union européenne).

Comme le souligne l'économiste indien Jagdish Bhagwati[6], si tous ces facteurs ont sans aucun doute joué un rôle dans l'essor du commerce international, il reste cependant difficile d'en quantifier l'impact exact.

La crise économique des années 1970 se traduit par un ralentissement du taux de croissance des échanges commerciaux en valeur et en volume, qui reste cependant supérieur au taux de croissance de la production.

On passe de 8,9 % sur la période 1963-1973 à 3 % sur la période 1973-1983 (contre 2,5 % pour la production). À la différence de la crise de 1929, on n'assiste donc pas après 1974 à un effondrement en valeur et en volume du commerce international, mais seulement à un ralentissement dans la progression des échanges.

La période ouverte par la crise des années 1970 est marquée par plusieurs mutations géographiques, qui peuvent se résumer à trois caractéristiques. On assiste à une redistribution des rôles entre pays développés : tandis que les États-Unis enregistrent un recul de leur dynamisme, les économies de l'Allemagne et du Japon se consolident alors que la France, puis le Royaume-Uni et l'Italie marquent le pas. Puis les premiers acteurs émergents arrivent dans le commerce international (Hong Kong, Taïwan, Singapour, Corée du Sud), que l'on qualifiera de « quatre dragons ». Enfin, la consolidation des flux de commerce interrégionaux se poursuit.

---

6. Bhagwati Jagdish, *Protectionnisme*, Paris, Dunod, 1990.

Une accélération de la mondialisation avec la chute du communisme

À partir des années 1990, le terme « mondialisation » est employé car il permet de qualifier le monde de l'après-guerre froide où de nouveaux pays émergent sur la scène internationale. Ce sera la décennie des transitions économiques, politiques et sociales.

Le début des années 2000 constitue en réalité le véritable réveil. La mondialisation émane d'une diversification des économies, des peuples et des frontières. Le monde devient global et non plus limité à quelques-uns. Les échanges ne se font plus dans un seul sens (en l'espèce Nord-Sud), mais dans tous les sens. Le terme de « village planétaire » prend tout son sens.

Cette évolution est renforcée par un autre phénomène : l'apparition des mass médias rendant le lointain proche, le lent immédiat. La maîtrise du temps (téléphone, Internet) et celle de l'espace (moyens de communication, téléphonie, Internet) se conjuguent et se mélangent. La mondialisation est susceptible d'être partout, tout le temps. La mondialisation, qui existait déjà, revêt une réalité perceptible par tous.

2. LA MONDIALISATION : NI DE DROITE NI DE GAUCHE

« Un autre monde est possible, mais il est dans celui-ci. »
Paul Eluard

Amie de quelques-uns, la mondialisation peut devenir l'ennemie de tout le monde. Le paradoxe est là. Elle ne peut pas entrer dans une case, elle tolère mal les simplifications et les approches dichotomiques, c'est-à-dire les rapports exclusifs oui/non, vrai/faux, bon/mauvais. Elle est une et plusieurs à la fois.

La mondialisation dépasse aussi les frontières et englobe plusieurs pays. Son corollaire : elle dépasse nos repères traditionnels et pose la question du rôle et du pouvoir des États.

Les États ont-ils encore un pouvoir ?

La mondialisation, c'est-à-dire l'accroissement des interdépendances, a, dans un premier temps, nourri un affaiblissement des États dans la mesure où son fonctionnement a induit un transfert des compétences et des responsabilités et amoindri *a priori* ses pouvoirs économiques et politiques.

Sous l'angle économique, les entreprises deviennent de plus en plus mondialisées et la question de leur nationalité peut faire objectivement débat. Qu'est-ce qu'une entreprise américaine, par exemple ? Est-ce une société dont le siège social est aux États-Unis ? Une société dont les capitaux sont majoritairement américains même si une part très significative peut être aux mains d'actionnaires étrangers ? Une société dont les unités de recherche et développement – ces unités découvrant les produits de demain sont essentielles pour assurer la pérennité de l'entreprise – sont localisées aux États-Unis ? Une société dont le PDG ou le conseil d'administration sont américains ? Les multinationales d'aujourd'hui sont éclatées. Leurs actionnaires se trouvent éparpillés à travers le monde, leur siège social peut être dans un pays et leur PDG avoir un passeport différent ; le conseil d'administration lui-même peut être multinational. Les pouvoirs relatifs de la puissance publique sont donc nécessairement dilués.

Lorsque le chiffre d'affaires d'une entreprise, ou, pis, le bénéfice d'une entreprise, est supérieur à la richesse produite d'un pays (le bénéfice d'Exxon Mobil en 2006 s'est élevé à 39,5 milliards de dollars, montant supérieur au PIB du Sénégal, du Mali et du Kenya réunis !), l'action potentielle d'un État se limite à cette puissance. C'est pourquoi de nombreux économistes ont estimé que la mondialisation non seulement pourrait, mais également devrait aller de pair avec une réduction de l'appareil gouvernemental. Puisque l'État est moins efficace, il est inutile qu'il consacre des budgets significatifs à son maintien. Dans ces conditions, les ressources économisées pourraient être consacrées à ses missions premières, mais surtout à libéraliser encore davantage l'économie. La démonstration rhétorique est peu contestable. Ce modèle fut à l'origine de la création des États-Unis. Grossièrement parlant, le modèle américain estimait que plus une économie était ouverte et libéralisée, plus le bien-être collectif serait élevé. Les éventuelles défaillances individuelles seraient compensées par des mécanismes communautaires locaux. L'Europe a opté pour une autre voie puisque, à la fin du XIXe siècle, les régimes en place, essentiellement motivés par le souhait de contrer les menaces révolutionnaires et par l'audience grandissante des partis politiques de gauche, ont mis en œuvre les premières lois sociales. Ainsi, le chancelier Bismarck est à l'origine des premières lois instituant l'indemnisation du chômage, l'assurance maladie, l'assurance couvrant les ouvriers en cas d'accidents professionnels. Si la crise des années 1930 aux États-Unis a amené l'État à se préoccuper davantage des souffrances créées par le capitalisme – les États-Unis connurent à cette époque un chômage de masse –, son modèle intrinsèque demeure : moins d'État pour plus de libertés individuelles. L'aura des États-Unis après 1945 et sa puissance renforcée par la chute du communisme ont favorisé la diffusion de ce modèle. C'est dans cet esprit que fut créé ce que l'on appela le « consensus de Washington ». Il repose notamment sur une libéralisation et une privatisation des économies car c'est de là que viendront la croissance et la réduction de la pauvreté.

Pourtant, un économiste américain de renom, Dani Rodrik, démontre, dès 1996, que le rôle des gouvernements s'est amplifié au lieu de diminuer dans les économies qui ont le plus profité des marchés mondiaux ; il en est ainsi pour l'Autriche, la Suisse, le Luxembourg ou les Pays-Bas. Il a établi la corrélation positive entre l'ouverture, mesurée par la part du PIB occupée par le commerce, et la portée du gouvernement, mesurée par la proportion du PIB que représentent les dépenses gouvernementales. Joseph Stiglitz, ancien conseiller économique de Bill Clinton, ancien économiste en chef de la Banque mondiale, est allé encore plus loin dans un ouvrage assez provocateur [1], qui fit sensation au début des années 2000. Il critique en effet frontalement les politiques de privatisation et de libéralisation brutales, et notamment celles que le FMI appliqua durant la crise asiatique de la fin des années 1990. Le « moins d'État » ne serait donc pas nécessairement la conséquence de la mondialisation ; mieux, il serait périlleux de réduire de manière brutale les leviers d'action de l'État.

L'explosion économique de la Chine et de l'Inde depuis 2000 permet d'aller encore au-delà. Ces deux pays connaissent en effet une croissance économique sans pareille alors même que l'appareil étatique de ces deux pays, sous des formes certes très différentes, est puissant. Démontreraient-ils que ce n'est pas la mondialisation seule qui limite les compétences de l'État, mais bien le choix de politiques nationales et d'un modèle qui est aujourd'hui contesté ? S'il est trop tôt pour déterminer avec certitude quel sera l'avenir de l'État chinois ou de l'État indien, une chose est en revanche certaine : le consensus de Washington en tant que tel est dépassé et un « autre modèle » est peut-être en train d'émerger, où capitalisme et puissance publique seraient réconciliés.

Sous l'angle politique, les États verraient également leurs prérogatives se limiter. Dans un discours sur l'Europe prononcé à Munich début 2007, le ministre des Affaires étrangères allemand Frank-Walter Steinmeier déclare ainsi qu'« un État seul ne peut plus rien aujourd'hui ».

Discours de Frank-Walter Steinmeier (social-démocrate) lors de la conférence « Parler de l'Europe », Munich, 14 janvier 2007 [2]

[...] Depuis la chute du Mur et la fin du communisme, qui nous ont apporté, à nous Allemands, l'unité de notre pays, le monde a connu de

1. Stiglitz Joseph, *La Grande Désillusion*, Paris, Fayard, 2002.
2. Source : ministère des Affaires étrangères allemand.

profondes mutations. Nous sommes les témoins d'un développement foudroyant à l'échelle mondiale ; le libre commerce, la libre circulation des capitaux et les nouvelles technologies comme Internet ont transformé notre planète en un village mondial. Nous n'avons jamais connu un développement aussi fulgurant auparavant. Aujourd'hui, environ un milliard et demi de personnes sur les six milliards que compte la Terre vivent dans des sociétés industrielles développées. Et ce nombre croît rapidement. Non seulement, le produit commercial mondial va doubler au cours des vingt-cinq prochaines années par rapport à son niveau actuel, mais en plus, dans une génération, ce ne sont plus 1,5 milliard mais bien 4 milliards d'êtres humains qui auront acquis leur propre aisance. Nous voyons tous la montée de la Chine et de l'Inde, deux États qui comptent plus d'un milliard d'individus. Et pourtant, d'autres pays émergents connaissent également un développement fulgurant. Citons la Turquie, le Mexique et le Brésil, mais aussi le Kazakhstan, le Vietnam, l'Argentine ou le Chili.

Dans ce monde qui est encore à la recherche d'un nouvel ordre, aucun État-nation européen ne peut plus représenter seul ses intérêts. Certes, les petits États de l'Union européenne ne sont de toute façon pas en mesure de le faire, mais le Royaume-Uni, la France et nous, Allemands, ne sommes pas plus capables d'agir seuls. Prise dans son ensemble, l'Union européenne jette dans la balance la force politique, économique et sociale de 500 millions d'individus. [...]

Quel est mon message ? [...] J'affirme clairement que l'époque des États-nations au sens classique du terme qui a duré deux siècles est révolue. [...]

Certes, certaines acquisitions sociales sont mises en danger par la mondialisation et, depuis 1990, la politique a perdu de son influence au profit de l'économie. Mais nous ne pourrons regagner cette influence qu'en coopérant de manière accrue au niveau international, à commencer par une collaboration entre les gouvernements, les Parlements et les citoyens européens. [...]

Toutefois, nous faisons bien en Allemagne de ne pas faire l'autruche dans ce monde où la vie est devenue de moins en moins confortable. En effet, notre avenir se trouve dehors, dans le monde. La politique étrangère est depuis longtemps bien plus que de la diplomatie classique et s'imbrique dans de nombreux autres thèmes de politique intérieure, de la politique environnementale à la politique économique. La politique environnementale que la Chine et l'Inde mèneront pendant les prochaines années sera déterminante pour savoir si nos petits-enfants connaîtront la Zugspitze enneigée ou si le glacier aura fondu d'ici là. En somme, la politique étrangère se transforme de plus en plus en politique intérieure mondiale.

Nous devons nous y adapter. En Allemagne, nous devons penser encore plus à l'échelle internationale, nous devons prendre en compte les problèmes et les autres cultures qui nous ont jusqu'à présent à peine concernés. Cela ne touche pas seulement les hommes politiques, mais aussi les chefs d'entreprise, les managers, les syndicalistes, les ministres de l'Éducation, les enseignants et les élèves, les associations et les initiatives citoyennes. [...]

Prenons deux exemples pour illustrer ce propos : le défi environnemental et les risques sanitaires. La sauvegarde de la planète ne peut être à l'évidence du ressort d'un seul État ; une action collective est donc nécessaire. Elle suppose donc qu'un État seul ne peut pas dire : « Je veux que... » et à, l'inverse, qu'un État récalcitrant est soumis à la pression des autres. Le seul cadre étatique est donc limité. Autre exemple : les risques sanitaires traversent également les frontières, faisant fi des barrières administratives. Si le contrôle des importations de viande bovine contaminée est relativement aisé à mettre en œuvre, il est plus difficile d'instaurer ce type de restrictions pour le déplacement des hommes. Ainsi, des maladies comme la grippe aviaire ou le Sras nécessitent des actions communes des États, un État seul ne pouvant se protéger contre de tels risques. Avec la mondialisation, les États ont donc désormais l'obligation de coopérer.

Enfin, dans une ère d'information mondialisée, les frontières des États ont perdu une grande partie de leur signification. L'opinion publique et la société civile concourent également à cet apparent affaiblissement. Le développement de sources d'information et l'accélération de leur diffusion rend probablement l'opinion publique plus versatile. Dans ces conditions, un risque existe : l'affaiblissement du politique, qui sacrifierait ses convictions sur l'autel des sondages. Parallèlement, le renforcement de la société civile, des fondations, des organisations non gouvernementales peut également laisser croire que celles-ci se soucient mieux du bien-être collectif que les États. Plus proches des réalités, plus proches des gens, nécessairement désintéressées, ces organisations jouissent d'une aura favorable auprès de l'opinion et critiquent directement ou de manière plus subtile les prérogatives des pouvoirs publics. Les nouvelles technologies offrent la possibilité de réunir les individus de tous les continents, de tous les pays. Ils communiquent par téléphone, par Internet, parfois *via* une webcam, échangent, créent des forums de discussion ou des blogs. Ils ne connaissent donc pas les barrières nationales et constituent ce qu'ils appellent l'émergence d'une « opinion publique mondiale ». Il y aurait donc un glissement du pouvoir en faveur de ces acteurs au détriment des États traditionnels.

Cette appréciation mérite pourtant d'être fortement nuancée, et ce, pour trois raisons. Premièrement, historiquement, seul le cadre étatique constitue le cadre de référence ayant permis à des hommes et à des femmes de vivre ensemble. Deuxièmement, si une « opinion publique mondiale » peut émerger ponctuellement, elle constitue difficilement un corpus pérenne. Ainsi, si les opposants à la guerre en Irak, surtout à travers l'Europe, ont pu et su se mobiliser, notamment à l'encontre des prises de position de leurs gouvernements d'alors (une partie significative de l'opinion publique britannique, italienne ou espagnole était contre l'intervention militaire en Irak alors que les gouvernements de Tony Blair, de Silvio Berlusconi ou de José Maria Aznar ont décidé l'envoi de troupes), créant ainsi un vaste courant transpartisan et transnational, ce mouvement, si fort et réel qu'il ait pu être, n'a pas constitué un mouvement structuré s'inscrivant dans un temps long et surtout capable de mobiliser au-delà de la thématique irakienne. Dès lors, cette opinion publique mondiale correspondrait davantage à une convergence d'intérêts ou d'opinions à un moment donné. Enfin, le désintéressement, la proximité de la société civile n'implique pas nécessairement la recherche d'un bien-être collectif supérieur à celui qui est déterminé et effectué par l'État. La société civile est une notion aussi vague que confuse. Elle comporte des réalités différentes, parfois divergentes. La somme des intérêts individuels n'aboutit pas nécessairement à un intérêt collectif ; ensuite, ces mêmes acteurs sont exemptés de rendre des comptes. L'État, c'est-à-dire le politique, rend compte devant le citoyen. Si un homme ou un parti politique commet une erreur, il peut être sanctionné électoralement. Ainsi, pour reprendre l'exemple ci-dessus, les gouvernements espagnol et italien de José Maria Aznar et de Silvio Berlusconi ont été renversés. À qui rend compte la société civile alors qu'elle se prononce parallèlement sur des problématiques publiques, voire politiques ? Il est probable que ces acteurs non institutionnels auront aussi des comptes à rendre au fur et à mesure que croîtront leur audience et leur impact. Par conséquent, l'État doit incontestablement redéfinir ses missions et s'adapter à un nouveau contexte, notamment en prenant mieux en compte l'action des associations, des ONG, des fondations et en les associant à ses décisions. Toutefois, il restera probablement l'acteur clé dans le cadre des relations internationales, perçu comme étant peut-être le meilleur, ou tout du moins le moins mauvais, protecteur ou rempart face aux insécurités ou risques créés par l'accroissement de la mondialisation.

Penser global, agir local

La mondialisation est censée favoriser une certaine harmonisation, pour ne pas dire une uniformisation, des économies, des politiques, des cultures et donc des États. Donc, plus il y aurait de mondialisation, moins il y aurait d'États et de diversités.

Un ouvrage récent de Michel Foucher[3], historien et ancien diplomate, montre au contraire que le nombre d'États n'a jamais été aussi élevé qu'aujourd'hui.

En effet, si l'on se réfère au tableau suivant, on s'aperçoit que l'on compte quatre fois plus d'États au XXIe siècle qu'au siècle précédent.

La multiplication du nombre d'États souverains

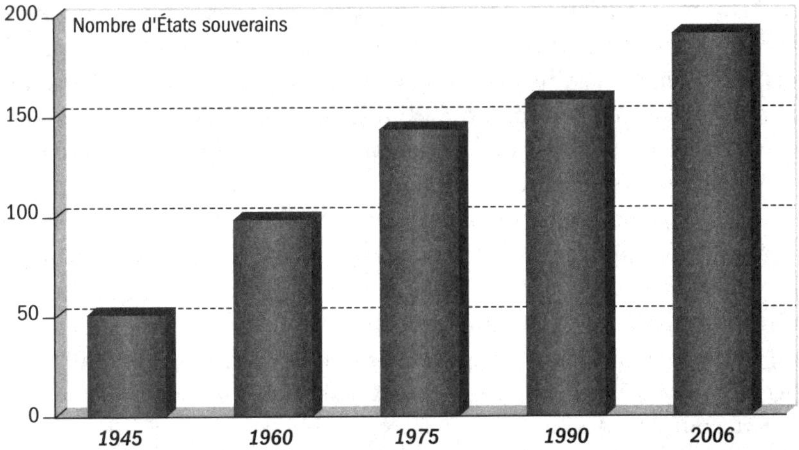

Source : ONU.

Ce double constat peut paraître paradoxal : d'une part, la mondialisation devrait uniformiser tout le monde et, d'autre part, cette uniformisation aboutirait, au contraire, à une augmentation du nombre d'États souverains.

3. FOUCHER MICHEL, *Les Obsessions des frontières*, Paris, Éditions Perrin, 2007.

Ainsi, la mondialisation n'engendre pas une uniformisation des modes de pensée, des croyances ; au contraire, elle a renforcé les identités de chacun. De plus en plus de peuples aspirent à cette reconnaissance de leur origine, de leurs origines pourrait-on dire. Trois grandes vagues ont ainsi jalonné l'histoire récente. La première est issue des conséquences de la Première Guerre mondiale qui a vu les empires s'effondrer. C'est le cas par exemple en 1914 quand l'Empire ottoman, déjà malade, disparaît (à côté de la Turquie, de nouveaux États surgissent tels que l'Irak, la Syrie, le Liban, la Palestine, la Transjordanie) ; de même, la chute de l'Empire austro-hongrois marque la fin des dynasties (Habsbourg). La deuxième vague émane des mouvements de décolonisation qui sont intervenus essentiellement entre les années 1950 et 1970 et ont vu disparaître les empires coloniaux, notamment français et britannique (toute une série de pays ont alors trouvé ou retrouvé leur souveraineté). Enfin, la troisième vague trouve son explication dans la chute de l'URSS en 1991. Plusieurs républiques qui étaient englobées dans l'Empire soviétique ont affirmé leur autonomie et leur souveraineté ; ainsi, l'Ukraine, la Géorgie, l'Arménie, l'Azerbaïdjan, les républiques d'Asie centrale (Tadjikistan, Turkménistan, Kirghizstan, Kazakhstan, Ouzbékistan) tout comme les États baltes (Lettonie, Lituanie, Estonie qui intégreront plus tard l'Union européenne) apparaissent dans les atlas. Enfin, les pays en guerre durant la dernière décennie du XXe siècle ayant acquis leur autonomie (Bosnie-Herzégovine, Croatie) complètent cette liste. Tous ces États, quels qu'ils soient, ont en commun des frontières, un gouvernement, des lois et des symboles qui marquent leur souveraineté matérialisée par un drapeau, un hymne, un passeport, des timbres.

Ce mouvement ne semble pas près de s'arrêter puisque de nombreux peuples revendiquent leur indépendance, ou tout du moins la reconnaissance de leurs spécificités. De Taïwan à Québec en passant par la Belgique ou les minorités kurdes, les sources de conflits sont nombreuses et l'histoire n'est sans doute pas terminée. Avec une pointe de provocation, même des États comme les États-Unis ne sont pas assurés de préserver leur unité de manière éternelle. À vrai dire, aucun pays ne l'est.

L'État peut apparaître comme le cadre le plus rassurant face à la mondialisation des économies, des cultures et des politiques. Dans ce cas, alors que les mouvements démocratiques ont souvent considéré l'État comme un cadre bureaucratique, éloigné, voire corrompu, l'État s'est imposé comme le cadre de référence. Mieux, il semble qu'aujourd'hui il joue ce rôle de proximité alors qu'il était considéré auparavant comme un cadre éloigné.

Entre populisme et dépolitisation

Si le libre-échange et donc, de manière caricaturale, la mondialisation semblent un peu trop facilement assimilés à la droite, la réalité est différente. La droite est traditionnellement partagée entre une aile libérale et une aile souverainiste. Cette scission, qui existe depuis longtemps, perdure ; la doctrine libérale d'un Alain Madelin en France, d'un Guido Westerwelle (FDP) en Allemagne, de certains républicains néolibéraux aux États-Unis est totalement différente des théories souverainistes incarnées par la droite traditionaliste ou l'extrême droite (Dupont-Aignan ou Philippe de Villiers en France, Bruno Valkeniers du Vlaams Belang en Belgique ou Pim Fortuyn aux Pays-Bas).

Discours de Nicolas Dupont-Aignan (député non inscrit) lors de la campagne présidentielle, Paris, 28 janvier 2007[4]

Alors oui, mes amis, c'est bien un devoir de se battre pour porter nos convictions, nos valeurs, notre projet devant les Français. [...] C'est pourquoi, mes amis, je vous invite à faire preuve d'opiniâtreté, de courage et d'audace.

Opiniâtreté tout d'abord. Souvenez-vous des commentaires de septembre dernier : « Tu es sincère, mais où est ton espace politique ? », « Jean-Pierre Chevènement, à gauche [...], ne dit-il pas à [sa] façon la même chose que toi ? » [...]

Oui, il est temps d'inventer une politique nationale d'équilibre du territoire. Le monde entier nous envie nos paysages, nos terroirs. [...] Cela passe aussi par le rétablissement et la modernisation de nos services publics. Renationalisation des autoroutes, d'EDF/GDF, maintien du monopole de La Poste comme de la SNCF, réforme rigoureuse des grandes entreprises nationales. Ce sont les premières conditions du renouveau du monde rural. Un monde rural qui doit aussi loger ses enfants, répartir harmonieusement les emplois publics, réorienter son agriculture. [...]

4. Source : http://www.nda2007.fr/Discours-de-cloture-de-Nicolas.html

Discours de Philippe de Villiers lors de l'université d'été du Mouvement pour la France, 11 septembre 2005[5]

[...] La France est aujourd'hui menacée dans son unité, sa vitalité, son identité et sa souveraineté. [...] L'idéologie mondialiste s'appuie sur le communautarisme pour désintégrer les cadres nationaux protecteurs. [...] L'idéologie mondialiste consiste à aller produire là où c'est le moins cher et à aller vendre là où il y a du pouvoir d'achat. Elle se nourrit d'un antagonisme moralement inacceptable entre le capital et le travail. Le capital, le CAC 40 qui caracole à Paris ; le travail qui part en Chine. Le capital qui voyage dans l'opulence sans frontières ; le travail qui disparaît dans le silence des fraternités brisées.

Le mondialisme prospère sur l'instabilité sociale. D'un côté, c'est la ronde planétaire des opportunités et des ivresses cosmiques. De l'autre, la grande errance des friches oubliées, l'immensité désolée des territoires déchirés, cette grande écharpe du désert qui s'étend sur la France. La fin de notre agriculture, notre pêche, notre construction navale, notre métallurgie, notre électronique. [...]

Je veux proposer un patriotisme populaire, moderne et ambitieux pour protéger nos entreprises contre les délocalisations, pour défendre notre patrimoine industriel et culturel et pour créer un service national civique qui éveillera les jeunes à l'amour de la France. [...]

Pour résumer, les libéraux purs estiment que le « laisser-faire » doit être le mode de fonctionnement économique et social et que toute interférence aboutirait à perturber le marché et son ajustement automatique. La branche souverainiste, au contraire, considère que le cadre national est préférable à toute autre chose et revendique ouvertement un protectionnisme des économies.

De même, la gauche est également confrontée à une contradiction interne. D'une part, elle est par essence universaliste – Jean Jaurès appelant à dépasser les nationalités à la veille de la Première Guerre mondiale pour que les ouvriers de tous les pays s'unissent ; elle revendique clairement un développement de tous et une vision globale de l'humanité. Par ailleurs, cette vision universaliste, donc favorable à l'échange avec l'autre, s'oppose à une gauche protectionniste, elle-même souverainiste. Le marché étant par

5. Source : site Internet du MPF.

essence déséquilibré et entraînant l'ensemble des économies vers le moins-disant, il est nécessaire d'adopter des cadres de protection nationaux. L'extrême gauche revendique cette approche qui est également fortement ancrée au sein de la gauche traditionnelle, comme l'ont montré les divisions internes du Parti socialiste français lors du référendum du 29 mai 2005 relatif au Traité constitutionnel européen. Cette division se retrouve ailleurs, par exemple en Allemagne où l'ancien président du SPD, Oskar Lafontaine, a créé un nouveau parti, le Linkspartei, qui est à l'unisson de la frange souverainiste du PS. La mondialisation est devenue un enjeu politique – certains démocrates américains, lors des élections à mi-mandat de novembre 2006, ont même critiqué violemment les effets pervers de la mondialisation, vue essentiellement sous l'angle des délocalisations.

Discours d'Oskar Lafontaine lors du congrès de fondation de Die Linke, Berlin, 16 juin 2007[6]

Nous aurons à travailler pour concrétiser nos concepts depuis la régulation des échanges monétaires, en passant par le contrôle des marchés financiers, jusqu'à l'assèchement des bases fiscales. Il y a, en fait, énormément de propositions de la gauche, jusqu'à la taxe Tobin. Oui, nous voulons être au coude-à-coude avec les altermondialistes qui veulent donner un visage humain à la mondialisation. Dans ce contexte, je salue un vieil ami, Edelbert Richter, ancien député du Parti social-démocrate allemand, qui pendant longtemps a collaboré avec moi sur des thèmes programmatiques et des principes pour former autrement la mondialisation sur cette planète. Soyez le bienvenu, Edelbert, dans notre nouvelle gauche !

Oui, c'était un grand événement, le sommet [du G8, dont la présidence était assurée par l'Allemagne en 2007] et les réactions des gens au sommet. Et ce fut une bonne chose que beaucoup d'entre nous ici étaient de celles et ceux que se sont réunis là-bas, et que nous y avons été acceptés comme partenaires de dialogue. C'était pour moi l'élément décisif de ces protestations contre le sommet. Et je tiens à remercier tous ceux qui ont contribué à cette réussite. [...]

6. Source : http://www.europe-solidaire.org/spip.php?article6920

Discours de James Webb[7] faisant suite au discours annuel de début d'année du président des États-Unis, 26 janvier 2007[8]

[...] Lorsqu'on s'attarde sur la santé de notre économie, c'est presque comme si nous vivions dans deux pays différents. Certaines personnes disent que ça n'est jamais allé mieux. La Bourse atteint des niveaux records, ainsi que les profits de la grande entreprise. Mais ces avantages ne sont pas partagés également. Lorsque j'ai terminé mes études, le PDG moyen gagnait 20 fois le salaire de l'ouvrier moyen ; aujourd'hui, c'est presque 400 fois. En d'autres termes, il faut plus d'une année au travailleur moyen pour gagner autant que son patron en une journée. Les salaires de nos travailleurs n'ont jamais atteint un niveau aussi bas en termes de part de la richesse nationale, même si la productivité des travailleurs américains est la plus élevée au monde. [...]

Le déséquilibre économique de notre pays me rappelle la situation qu'a dû affronter le président Theodore Roosevelt au début du XXe siècle. Les États-Unis étaient à cette époque polarisés selon les classes. Ceux que l'on appelait les *robber barons* ne se gênaient pas pour engranger une très grande partie de la richesse nationale. Les travailleurs dépossédés, en bas, menaçaient de se révolter. [...]

Les élites des États-Unis doivent comprendre cette réalité dans leur propre intérêt.

Ce qui va suivre est encore plus inquiétant : si rien n'est fait, ce partage des privilèges et des avantages selon la classe peut mener à une période d'agitation politique. Jusqu'à maintenant, la plupart des travailleurs américains ont été préoccupés par leurs perspectives d'emploi. Lorsqu'ils comprendront qu'il y a (et qu'il y avait) des alternatives claires aux politiques qui ont mené à la dislocation des carrières et de leur avenir, ils vont exiger des comptes des dirigeants qui n'ont pas été capables de défendre leurs intérêts. [...]

La mondialisation brouille donc les cartes politiques. Il n'y a pas une droite ou une gauche, mais des droites et des gauches. Tous les blocs politiques sont à la fois libre-échangistes et protectionnistes.

7. James Webb est un sénateur démocrate de Virginie élu lors des élections à mi-mandat de novembre 2006. Ancien républicain, il a été secrétaire de la Marine de l'administration Reagan.

8. Source : World Socialist Website.

Le protectionnisme peut être revendiqué à droite comme à gauche à l'appui de motivations fondamentalement opposées : la droite traditionaliste et conservatrice réclame un cadre national protecteur et protectionniste, alors que la gauche de la gauche défend les salariés d'un pays parce que le marché mondial serait fondamentalement inégal, injuste et nivellerait l'ensemble des droits sociaux vers le bas. Toutefois, si les protections nationales sont assumées, il est intéressant de noter que l'isolationnisme n'est revendiqué par personne. Et pour cause, il est la face non visible de l'iceberg, la face cachée du protectionnisme, c'est-à-dire sa conséquence. Or il peut apparaître contradictoire de revendiquer un cadre national protecteur à partir du moment où un pays n'est pas isolé au sein du monde, mais en est un des acteurs. Par conséquent, réclamer un cadre protecteur dans un monde mondialisé reviendrait, premièrement, à protéger le pays qui l'adopterait, mais, dans une suite logique, à l'isoler puisque les autres ne resteraient pas sans rien faire. Or l'isolationnisme tel qu'il a été mené dans l'histoire – nous pouvons citer la Chine confucéenne (XVIe siècle) – condamne son instigateur à un déclin profond et durable.

La mondialisation a aiguisé des peurs et des frustrations que des mouvements politiques sauront exploiter. Le mouvement altermondialiste va ainsi émerger.

L'altermondialisme : un mouvement en voie d'essoufflement ?

Définir la mondialisation n'est pas chose aisée ; définir le mouvement altermondialiste peut être encore plus périlleux. Dans la mesure où il est marqué idéologiquement, toute définition peut rapidement entraîner un jugement hâtif et caricatural selon qu'on le défend ou le critique.

Quoi qu'il en soit, l'altermondialisme est évidemment un mouvement politique issu de la mondialisation.

Le mouvement a pris racine petit à petit tout au long du XXe siècle. Il commence à prendre de l'ampleur au début des années 1980 dans les pays du Sud avec la lutte contre la dette du tiers-monde, l'OMC et les plans d'ajustement structurels du FMI. Mais il reste alors inaperçu en Occident. Il apparaît en Europe, aux États-Unis et en Corée à partir de 1994, dans le cadre d'une critique du chômage et des politiques entraînant la précarisation du travail et la remise en cause de la protection sociale.

Les manifestations de Seattle en 1999 sont les premières manifestations altermondialistes médiatisées. Elles sont suivies par un premier Forum social mondial, qui se veut une alternative au Forum économique mondial de Davos, et par le rassemblement de Gênes en 2001 contre le sommet du G8. L'événement est marqué par la mort d'un manifestant tué par une balle de la police italienne. La mondialisation heureuse s'efface au bénéfice d'une contestation plus virulente, plus visible. Les Forums sociaux mondiaux se multiplient, de Porto Alegre à Bombay. Pour la première fois, les États-Unis ont accueilli durant l'été 2007 leur premier Forum social à Atlanta : l'altermondialisme se mondialise.

Le mouvement résulte de la convergence de courants multiples. Il regroupe des personnes d'horizons très divers : paysannerie, couches populaires et petite bourgeoisie du Sud, pauvres et salariés précaires des pays industrialisés, syndicats ouvriers et enseignants, associations de consommateurs, chercheurs, jeunes, mouvements écologistes, antimilitaristes, féministes, communistes, marxistes, nationalistes, anarchistes...

L'idée de base des altermondialistes consiste à considérer que le processus de mondialisation économique, s'il n'est pas encadré politiquement, conduit à une augmentation des inégalités, des injustices, des déséquilibres dans le monde. Pour schématiser, le Sud est exploité et le Nord souffre des délocalisations et du nivellement par le bas de ses acquis sociaux. À cela peuvent s'ajouter les préoccupations liées à l'insécurité écologique engendrée par la pollution industrielle, l'effet de serre, les organismes génétiquement modifiés (OGM), ou encore les armes chimiques et nucléaires. Un autre monde devrait donc être créé.

Les altermondialistes dénoncent particulièrement l'inégalité croissante entre les plus riches et les plus pauvres de la planète, qui a augmenté depuis 1960 et qu'ils attribuent à la mondialisation plutôt qu'aux causes internes à ces pays. Selon le rapport 2001 du Programme des Nations unies pour le développement (PNUD), 1 % des plus riches au monde détiennent un revenu cumulé égal à celui des 57 % des plus pauvres. De plus, pour 45 des 77 pays disposant d'une statistique sur l'inégalité de revenu, celle-ci a crû à l'intérieur de ces pays entre 1960 et 1990, renforçant les inégalités.

La globalisation financière est également très critiquée puisqu'elle a pu engendrer les crises ou les aggraver. La crise mexicaine de 1995, la crise asiatique de 1997-1998, les crises argentine et russe sont de nombreux exemples qui ont montré que le FMI, symbole de cette mondialisation financière, serait responsable des déséquilibres et de la montée du chômage. La spéculation financière doit également être combattue ; c'est dans ce contexte que la taxe Tobin a été proposée. Au même titre, les paradis fiscaux doivent être pris pour cible.

Il n'est donc guère surprenant que les organisations internationales (FMI, Banque mondiale, OMC) ou les forums des riches (G8, Davos) soient critiqués, parfois violemment.

Il faudrait ainsi annuler la dette publique des pays du Sud, promouvoir le commerce équitable avec un nivellement par le haut des normes sociales telles qu'elles sont consignées dans les conventions de l'OIT, reconnaître les droits économiques, sociaux et culturels. Il faudrait parallèlement reconnaître le droit à la souveraineté et à la sécurité alimentaire, à l'emploi, à la protection sociale et à la retraite. Enfin, il faudrait exclure définitivement les domaines de l'éducation, de la santé, des services sociaux et de la culture des cycles de négociation de l'OMC, préserver les services publics menacés de libéralisation par l'Accord général sur le commerce des services de l'OMC, instaurer une taxe internationale sur les transactions financières (appelées taxe Tobin) et démanteler les paradis fiscaux afin de contrer les évasions fiscales et le crime financier. À côté de ces recommandations économiques figurent également des exigences politiques : la privatisation de biens communs de l'humanité comme l'eau devrait être interdite ; un nouveau système international de prévention et de règlement des conflits (une sorte de Tribunal pénal international ayant davantage de pouvoirs) devrait être mis en place, tout comme devrait être appliquée de la charte des droits de l'homme contre toute forme de discrimination, de sexisme et de racisme.

Pourtant, malgré ce tableau du monde idéal – que toute personne sensée devrait approuver –, l'altermondialisme semble être dans une posture difficile.

Pour l'économiste indien Jagdish Bhagwati, les revendications altermondialistes contre le libre-échange sont liées à la chute du communisme, seul rival idéologique du capitalisme. Cet épisode aurait créé un vide pour les « idéalistes dont la conscience sociale se nourrit de la conviction que le capitalisme est source d'injustice[9] ». Selon lui, ces individus risquent d'accroître en réalité les causes d'inégalité et leurs réactions face au changement sont source d'immobilisme. À titre d'exemple, la plupart se focalisent sur les aspects négatifs de la mondialisation, bien qu'ils en soulignent certains aspects positifs, et remettent en question d'autres points positifs (en termes d'emploi, par exemple, la destruction d'emplois dans l'industrie n'est pas mise en rapport avec la création d'emplois dans d'autres secteurs).

Par ailleurs, le mouvement altermondialiste semble à la recherche d'un second souffle. Un mouvement aussi hétérogène tient son unité dans le

---

9. Bhagwati Jagdish, « Coping with Antiglobalization », *Foreign Affairs*, janvier-février 2002.

combat, dans le refus, mais non dans le consensus, l'action et les décisions. L'échec des négociations de Seattle a été un succès pour les altermondialistes dans la mesure où le monde tel qu'il était présenté n'avait pas permis de trouver un accord. Aujourd'hui, les négociations commerciales sont au point mort depuis plusieurs mois et ce cycle, dit « de Doha », n'arrive pas à s'achever, au point que plusieurs gouvernements émettent aujourd'hui l'hypothèse qu'il n'aboutira peut-être jamais. Il est, dans ces conditions, plus difficile de fédérer une opposition à partir du moment où le bouc émissaire disparaît.

Parallèlement à cette difficulté conjoncturelle, ce mouvement est déstabilisé dans son essence. En effet, les partis traditionnels, de droite comme de gauche, des pays développés ont bien compris que la mondialisation heureuse, c'est-à-dire spontanément harmonieuse pour tous et partout, n'existait pas et qu'il ne suffisait pas de dire que la mondialisation en soi était une bonne chose pour que les citoyens la perçoivent comme telle. Les partis de droite et de gauche se sont donc approprié le vocabulaire des altermondialistes, y compris quelques revendications.

Les altermondialistes étant privés d'une opposition frontale, la ligne de fracture devient plus difficile. Les propos d'Alain Juppé, ancien Premier ministre français de droite, dans un discours de fin 2006, sont révélateurs de ce changement, y compris au sein des partis traditionnels.

Discours d'Alain Juppé lors d'un forum d'échanges de l'UMP, Bordeaux, 21 décembre 2006 [10]

[...] N'ayez pas peur de la mondialisation ! Ce n'est pas un fléau qui menacerait de nous détruire ; c'est un mouvement vieux comme le monde, avec son cortège de bienfaits et de risques. Nous devons l'humaniser et le démocratiser. Oui, un autre monde est possible. Nous devons aussi nous y adapter pour en tirer le meilleur profit non par le repli sur nous et le retour au protectionnisme, mais par l'innovation, la recherche et le travail. Ayez confiance dans la France ! Notre pays n'est pas en déclin. Certes, nous avons des problèmes. Certes, les inégalités, les injustices, la pauvreté fragilisent notre société. Certes, des changements profonds – et parfois des ruptures – sont nécessaires.

Mais nous avons en nous-mêmes tous les atouts du sursaut, à commencer par une jeunesse formidable, avide de justice, ardente au travail quand

10. Source : blog d'Alain Juppé (http://www.al1jup.com).

elle en trouve, prête à entreprendre et à créer. Notre premier devoir est de lui donner toutes ses chances en rendant plus efficace et plus juste notre Éducation nationale, en diffusant, de l'école à l'université, la culture de la responsabilité.

Soyez des militants de la Terre !

Il y a urgence : pour la première fois de son histoire, l'humanité s'est donné les moyens de détruire la planète, tant par les armes de destruction massive que par l'épuisement de la nature et la rupture des équilibres de la vie.

Ici encore, le sursaut est possible. Nous pouvons réussir, nous l'avons déjà prouvé par exemple en sauvant la couche d'ozone. Nos peuples ont pris conscience qu'il ne fallait plus attendre.

C'est une grande chaîne d'initiatives qu'il nous faut construire : du local au global, des changements de nos comportements quotidiens jusqu'à la création d'une organisation mondiale de l'environnement.

3. LA MONDIALISATION : NI REMÈDE, NI MAL, MAIS SOURCE DE RICHESSES ET D'INÉGALITÉS POTENTIELLES

« Les faits sont têtus. »
Lénine

Pourquoi la mondialisation est-elle si controversée dans certains pays comme la France ou l'Italie et encensée dans d'autres comme le Royaume-Uni[1] ? Les perceptions en sont-elles justes ou biaisées ? Quelles sont les différences entre la réalité et les perceptions ? La défiance de certains pourrait amener à vouloir « stopper » la mondialisation pour avoir l'impression de retrouver la maîtrise des événements. Or, si le contenu de la mondialisation peut et doit faire débat en ce début du XXIe siècle, il est vain de considérer que l'on peut y mettre fin seul.

En effet, la mondialisation des années 2000 n'est pas un choix qu'un pays, un individu ou une entreprise opérerait ou refuserait pour mieux se porter. Elle est une réalité dans laquelle un pays, une entreprise ou un individu évolue. Ce n'est donc ni une option ni une faculté, c'est, à la fin de la première décennie du XXIe siècle, un état réel qui peut être regrettable. Ne peut-on pas déplorer que la découverte de la théorie de la relativité ait mené à l'arme nucléaire ? Sans doute, mais on ne peut pas faire comme si la théorie de la relativité n'existait pas !

1. The German Marshall Fund of the United States, *Trade and Poverty Survey, Report 2007*. Wike Richard, *The Pew Global Project Attitudes, 15 Nation Pew Global Attitudes Survey*, The Pew Research Center, 2006.

Ainsi, la mondialisation est associée dans l'esprit de beaucoup au seul commerce international. Si celui-ci en est naturellement l'une des manifestations, l'interdépendance créée par la mondialisation dépasse largement le simple domaine des échanges commerciaux. L'interdépendance économique comprend également la circulation des facteurs de production, le capital financier, les taux de change, c'est-à-dire les devises, le capital humain, les différents types de main-d'œuvre et la technologie. À côté de cette mondialisation économique, financière et sociale s'est ajoutée tout au long du XXe siècle la mondialisation politique, qui entre aujourd'hui dans une nouvelle ère. La réalité de la mondialisation est donc plurielle.

Une réalité financière complexe

La mondialisation financière génère beaucoup d'idées reçues : elle serait nécessairement néfaste pour l'économie réelle et ne ferait le jeu que des spéculateurs. Cela n'est pas exact. Si des risques existent, ils ne s'expliquent pas en ces termes. Tout d'abord, la mondialisation financière, c'est-à-dire la mobilité des capitaux, est intrinsèquement positive dans la mesure où elle permet à un pays d'emprunter et de bénéficier d'investissements directs à l'étranger ; sans mobilité du capital, les pays seraient en effet contraints de se financer uniquement sur la base de leur épargne, qui est *de facto* limitée. Ensuite, les comportements spéculatifs ne sont pas nécessairement toujours néfastes dans la mesure où ils peuvent permettre des prises de risque qu'aucun investisseur classique ne prendrait autrement.

En ce qui concerne le marché des devises internationales, le niveau des taux de change a fortement varié au cours de l'histoire monétaire. Ainsi, le système de Bretton Woods (FMI) était fondé sur le principe du Gold Exchange Standard. Il reposait sur un système de parité fixe où chaque monnaie était définie par rapport à l'or et au dollar, le dollar étant lui-même rattaché de façon fixe à l'or.

Mais au cours des années 1970, les pressions sur le dollar, les chocs pétroliers et l'inflation ont transformé le système monétaire international. D'un système contrôlé par les gouvernements on est passé en 1971, par la suspension de la convertibilité officielle du dollar en or, à un système déterminé par les marchés, ce qui a libéré les flux internationaux de capitaux d'un côté, mais accru les instabilités de l'autre.

La financiarisation de l'économie va se développer au cours des Trente Glorieuses et s'accélérer à partir des années 1980. Cette mondialisation financière va générer une interdépendance encore plus forte entre les marchés, donc entre les économies.

Mais toute la difficulté vient de ce que la finance, si elle peut développer l'économie, peut également jouer contre elle. Qui dit économie dit entreprises et emplois. La finance va donc accélérer la mondialisation des économies, des entreprises et des emplois, mais sans nécessairement se soucier d'harmonisation ou d'équilibre. Or on peut estimer que la finance est un instrument au service du développement économique et doit le rester pour maintenir sa légitimité.

Les activités financières, c'est-à-dire les investissements directs à l'étranger (IDE)[2], des pays industrialisés ont été multipliées par sept en trente-cinq ans. Cet accroissement s'est conjugué avec une sophistication toujours plus complexe des flux de capitaux et de financements de l'économie. La finance a développé de nouveaux outils, qui ont engendré de nouveaux acteurs, tels les *hedge funds*, qui interviennent sur les marchés financiers – comme les marchés d'actions, d'obligations et de produits dérivés –, ou encore les fonds de *private equity* qui, comme leur nom l'indique, s'intéressent à des investissements privés, c'est-à-dire non cotés.

Le montant total des actifs financiers a plus que doublé depuis 1995, passant de 62 000 milliards de dollars à 140 000 milliards en 2005.

Les fonds de LBO (*leveraged buy-out*, ou acquisition à effet de levier)

Acteurs majeurs de la sphère du *private equity*, les fonds de LBO achètent des entreprises, en ayant pour cela massivement recours à l'endettement, dans le but de les revendre, à un horizon de cinq à sept ans en général. Pendant la durée de détention par le fonds, l'entreprise cible est mise sous forte pression afin de dégager des dividendes qui viendront rembourser la dette contractée par le fonds lors de l'acquisition. Quand l'entreprise est cédée par le fonds, la dette ayant été largement remboursée, la plus-value dégagée par le fonds est généralement très confortable, d'autant que le montant investi par ce fonds représente une faible partie du prix de vente de l'entreprise : le fonds a bénéficié de l'effet de levier de l'endettement.

Le développement spectaculaire des fonds de LBO ces deux dernières décennies a été rendu possible par des taux d'intérêt relativement bas, mais surtout par la mondialisation des investissements, de telle sorte que

2. Voir lexique, p. 147.

les LBO constituent aujourd'hui un modèle économique à part entière : il n'est pas rare que les fonds cèdent leurs entreprises cibles à d'autres fonds de LBO : on parle alors de LBO secondaires (voire tertiaires...).
Aujourd'hui, en France, 1,5 million de personnes travaillent pour une entreprise passée sous LBO, soit 9 % à 10 % des salariés du secteur privé. Dans leur ensemble, les fonds de *private equity* ont investi en 2006, dans le monde, un montant sans précédent de 725 milliards de dollars. Le marché américain représente 62 % des fonds levés en 2006, l'Europe 26 %, et l'Asie et le reste du monde 12 %.

L'Amérique en perte de vitesse ?

Si les crises financières des années 1990 avaient leur épicentre dans les pays émergents (Mexique en 1995, Asie en 1997, Russie en 1998), les crises des années 2000 sont parties du cœur du système financier international, c'est-à-dire des États-Unis. De l'éclatement de la bulle Internet aux affaires retentissantes comme la faillite d'Enron, les marchés financiers ont été fortement mouvementés.

Malgré ces crises, il est frappant de constater combien le système a pu absorber ces chocs. Mieux, leur pays d'origine, les États-Unis, a connu une période de très forte croissance depuis 2000 grâce à un développement des exportations américaines fondées sur une croissance mondiale forte et à une consommation intérieure soutenue. La puissance des États-Unis repose donc sur cette capacité à inventer des mécanismes financiers qui permettent de digérer les chocs macroéconomiques et, parallèlement, de maintenir un financement continu des entreprises et des ménages.

Pourtant, au moment où les Bourses occidentales commençaient à regagner le terrain perdu depuis 2000, la crise des *subprimes* fait peser à nouveau un risque sur la stabilité financière internationale et, plus globalement, sur l'économie réelle.

Le déficit extérieur américain s'élève à 760 milliards de dollars, le déficit budgétaire avoisine les 170 milliards de dollars et la devise américaine a perdu près de la moitié de sa valeur par rapport à l'euro entre 2001 et 2007. Enfin, la dette publique s'est accrue de 1 000 milliards de dollars sous l'administration Bush.

La faiblesse de la monnaie américaine est problématique, et pas seulement pour Airbus. Du côté des avantages, on trouve bien sûr le financement à bas coût de nos vacances aux États-Unis (puisque, pour 1 €, on obtenait environ 1,45 $ début 2008 contre 0,9 $ au début des années 2000 – admettons que cet argument est minime et réservé à quelques-uns), mais cette faiblesse permet aussi de payer moins cher la facture énergétique libellée en dollars, ce qui amortit ainsi la très forte hausse des matières premières. Sans un dollar faible, le litre d'essence ne coûterait pas 1,4 €, mais pourrait dépasser les 2 € dans plusieurs pays européens ! Inversement, un dollar faible favorise les exportations américaines et pénalise les exportations européennes vers les États-Unis et donc la croissance et l'emploi en Europe.

De manière à peine schématique, les Chinois financent les achats de biens de consommation des Américains. La Banque centrale chinoise, qui a accumulé d'abondantes liquidités grâce aux surplus générés par l'excédent commercial chinois à l'égard des États-Unis, a acheté des bons du Trésor américain. Chacun y trouve son compte : les Américains consomment les produits importés chinois, créant un déficit commercial élevé, et les Chinois, en contrepartie, grâce à l'abondance des liquidités accumulées, financent ce déficit. Mais la situation n'est plus guère soutenable.

Tout d'abord, la dépréciation du dollar fait que les Chinois perdent de l'argent quand ils financent les déficits américains ; il est peu probable que la situation perdure. C'est pourquoi les économistes pensent aujourd'hui qu'un ajustement va se produire, mais quand, et de quelle ampleur ? L'ancien président de la Banque centrale américaine (FED), Paul Volcker, architecte de la victoire contre l'inflation dans les années 1980, estime qu'il est très probable que cet ajustement s'opère de manière brutale.

Dans cette même logique, les ménages américains n'épargnent pas, faisant ainsi reposer l'avenir sur une hausse des actifs financiers ou immobiliers.

La crise des *subprimes* ou crise du crédit hypothécaire qui a éclaté durant l'été 2007 est le révélateur, d'une part, de l'accroissement de la financiarisation de l'économie et de sa sophistication et, d'autre part, des faiblesses du modèle de croissance américain.

La crise des *subprimes* ou crise du crédit hypothécaire aux États-Unis

Cette crise a éclaté aux États-Unis durant l'été 2007, à un moment où les défaillances de paiement de particuliers puis d'établissements bancaires se sont accélérées.

Ce terme désigne le marché du crédit immobilier spécialisé sur les emprunteurs les plus risqués. Il permettait à des ménages modestes ou en situation instable d'accéder à la propriété grâce à des conditions de crédit en apparence alléchantes. Malheureusement, l'arbre cachait la forêt.

Les institutions bancaires spécialisées étaient plus soucieuses de « faire du chiffre », c'est-à-dire d'avoir le plus de clients possible même si les risques d'insolvabilité de ces clients étaient élevés. Ainsi, dans certains cas, aucun document n'était demandé aux emprunteurs sur leur activité ou leurs revenus et des périodes de grâce substantielles (d'un ou deux ans) étaient accordées à des taux variables bas, c'est-à-dire des taux établis par la Banque centrale américaine. Le problème est né du fait que les pressions inflationnistes ont obligé la FED à augmenter ses taux d'intérêt et, par ricochet, le taux d'emprunt. Emprunter 200 000 $ sur vingt-cinq ans avec un taux d'intérêt de 2,5 % n'est pas la même chose qu'avec un taux passé à 10 % ! Quand il leur a fallu commencer à rembourser les mensualités et que ces mensualités se sont envolées (dans l'exemple ci-dessus, concrètement, cela signifie qu'elles passent de 897 $ à 1 817 $), beaucoup de ménages américains ont cessé d'être en mesure d'honorer leurs créances et ont donc dû revendre. La spirale expansionniste se transforme alors en spirale à la baisse. Le nombre de logements à vendre augmentant, le prix de ces logements diminue, empêchant donc leurs acquéreurs de rembourser. Des particuliers comme des établissements bancaires peuvent donc faire faillite.

Cette crise est aussi une crise des marchés de dette. Les marchés de dette ont pris une place croissante, à côté des banques, pour financer l'économie. De nouveaux produits de marché complexes, dit structurés, sont apparus pour offrir des placements plus rémunérateurs, donc plus risqués pour les investisseurs. Or, du fait de la crise des *subprimes*, le mécanisme s'est enrayé pour tous les produits structurés. Une crise de liquidités est apparue puisqu'il n'était pas possible de connaître le degré d'exposition réelle de chaque banque. Les banques sont donc devenues très méfiantes pour se financer entre elles, d'où cette crise de liquidités.

Si le recours au système des *subprimes* permettait de soutenir le marché immobilier et la consommation aux États-Unis, il s'avère que ce modèle de croissance reposait sur des pieds d'argile. Mais cet aspect n'a rien de nouveau. Il est le simple révélateur d'une crise classique du capitalisme.

Ce qui l'est davantage, c'est que les tensions sur les marchés d'actions se sont amplifiées à partir du moment où le degré d'exposition des établissements bancaires paraissait incertain. Si les banques sont exposées, la défiance réciproque devient la règle et les liquidités viennent à manquer. Or l'absence de liquidités mène nécessairement à un resserrement du crédit dont les entreprises et les particuliers sont les premières victimes. Une spirale à la baisse s'enclencherait donc. C'est pourquoi les Banques centrales ont injecté depuis l'été 2007 des liquidités dans le système interbancaire pour éviter un assèchement du crédit et une aggravation de la crise. Les marchés d'actions ne semblent pas nécessairement surévalués aujourd'hui compte tenu des fondamentaux des entreprises – contrairement au niveau atteint lors de l'éclatement de la bulle Internet – et les pays émergents ne sont pas du tout dans la même situation qu'à la fin des années 1990. Dès lors, la crise resterait *a priori* localisée.

S'il est encore trop tôt pour tirer toutes les conséquences de cette crise, on peut souligner le besoin d'une meilleure supervision car le risque a été sous-estimé. Par ailleurs, la régulation et le renforcement de la coordination des Banques centrales sont une condition *sine qua non* pour assurer la stabilité du système et éviter les comportements prédateurs et spéculatifs nocifs pour l'ensemble des différents agents économiques. Sous un aspect différent, le scandale de la Société générale, qui a fait la une des journaux du monde entier, démontre sans doute la nécessité de mettre en place des contrôles et des systèmes de régulation encore plus efficaces pour que le capitalisme financier ne joue pas contre lui-même.

La déclaration du secrétaire d'État américain au Trésor de Nixon, John Connolly, qui avait estimé, lors de l'abandon de l'étalon-or en 1971, que « le dollar, c'est notre monnaie et votre problème », pourrait être démentie. Le dollar devient aussi le problème des Américains dans la mesure où la poursuite de la baisse du dollar pourrait constituer un signe avant-coureur de l'affaiblissement durable de l'économie américaine.

Le rôle grandissant des pays émergents

Dans un ouvrage du début des années 1990[3], Michel Albert opposait le capitalisme rhénan, caractérisé par un contrat social, c'est-à-dire par le rôle régulateur de l'État (les grandes banques en Allemagne ou les entreprises publiques en France), au capitalisme anglo-saxon marqué par la finance de marché et le moindre rôle de l'État. En vingt ans, le recul du premier modèle est manifeste. Un troisième capitalisme est peut-être en train d'émerger,

3. Albert Michel, *Capitalisme contre capitalisme*, Paris, Seuil, 1991.

celui des nouveaux arrivants, fait d'interventionnisme étatique ou parapublic et d'une grande liberté d'entreprise.

Il est intéressant de constater que la crise des *subprimes* aux États-Unis a eu des répercussions contrastées. Le seul point commun entre toutes les Bourses mondiales – mais pas nécessairement au même moment ni pour les mêmes raisons – a été la forte volatilité des marchés. Les marchés américain, britannique et français ont connu une légère augmentation (entre 1 et 7 % en 2007) alors que la Bourse de Francfort a affiché une solide progression à environ 22 % et le marché japonais une baisse de 11 %. Si les mécanismes de propagation sont identiques, comment peut-on expliquer que la Bourse allemande ait été très dynamique et la Bourse française atone ? Une raison peut l'expliquer : l'indice de la Bourse allemande (DAX) est composé essentiellement de valeurs industrielles qui – au regard des chiffres du commerce extérieur allemand pour 2007 (environ 200 milliards d'euros d'excédent) – ont dopé les marchés outre-Rhin. En revanche, les valeurs financières occupent un poids beaucoup plus significatif dans l'indice boursier français (le CAC 40). Dans ces conditions, son exposition le rend plus sensible aux turbulences internationales. De leur côté, les marchés émergents ont continué leur croissance insolente, à l'instar de la Bourse de Shanghai qui a crû de près de 100 %.

Toutefois, si les pays émergents ont été épargnés en 2007 par la crise financière américaine, ils pourraient être touchés dans leur économie ultérieurement. La crise de 1929 a d'abord été une crise financière avant d'avoir été une crise économique puis commerciale. Autrement dit, si les États-Unis entrent en récession, ils consommeront moins de produits fabriqués par la Chine, l'Inde ou le Mexique. Dans ces conditions, la contagion par le commerce d'une crise financière n'est pas totalement à exclure. C'est alors par la crise économique ou même par les anticipations de cette crise que les marchés financiers des pays émergents pourraient à leur tour être affectés. Les très fortes tensions ressenties début 2008 sur tous les marchés boursiers mondiaux, des pays riches comme des pays émergents, ont illustré cette analyse.

Mais le fait nouveau est que, lorsque ces Bourses ont été touchées au printemps 2006, toutes les Bourses occidentales ont reflué. Il est encore trop tôt pour tirer des conclusions hâtives ; une chose est pourtant sûre : rien ne sera plus comme avant, en tout cas comme Européens et Américains ont fonctionné tout au long du XXe siècle, pour preuve le classement des 10 premières multinationales au monde début 2007 par la capitalisation boursière. Fin 2007, Petro Chine a détrôné Exxon Mobil de sa première place !

Les 10 premières multinationales au monde par la capitalisation boursière en 2007

1	Exxon Mobil	États-Unis	Pétrole
2	General Electric	États-Unis	Conglomérat (activités diversifiées)
3	Microsoft	États-Unis	Logiciels
4	Citigroup	États-Unis	Banque
5	AT&T	États-Unis	Télécommunications
6	Gazprom	Russie	Gaz
7	Toyota Motor	Japon	Automobile
8	Bank of America	États-Unis	Banque
9	Banque industrielle et commerciale de Chine	Chine	Banque
10	Royal Dutch Shell	Royaume-Uni	Pétrole

Source : *Financial Times Global*, 2007.

Toutefois, la mondialisation financière n'est pas encore totale. Pourquoi ?

Les investissements financiers des pays émergents à destination des Bourses occidentales restent encore limités. Nul ne doute toutefois qu'ils vont se développer parallèlement à la montée puissance économique de ces pays.

Deuxièmement, et c'est sans doute ce qui est le plus important à la fin de la première décennie du XXIe siècle, les fonds souverains prennent une place sans cesse plus importante dans l'économie internationale, sous la forme de rachats de participations occidentales par des fonds d'investissement de pays émergents.

Selon une étude de la banque Morgan Stanley parue en 2007, en près de deux ans, les fonds souverains ont investi 37 milliards de dollars dans des établissements financiers occidentaux, sur un total d'investissements dans le secteur de 67,4 milliards de dollars.

Les exemples n'ont pas manqué au cours de l'année 2007 : Adia, le fonds d'Abu Dhabi, avec près de 900 milliards de dollars sous gestion, s'est invité au capital d'Apollo, fonds américain de capital-investissement pour

800 millions de dollars ; un autre fonds d'Abu Dhabi a acquis 7,5 % de Carlyle pour 1,3 milliard de dollars ou encore près de 5 % de Citigroup pour 7,5 milliards de dollars ; le fonds du Qatar a pris 20 % du London Stock Exchange pour 1,3 milliard de dollars ; Dubai International a acquis quant à lui 2,2 % de la grande banque allemande, la Deutsche Bank ; la liste serait longue...

Cet accroissement a entraîné une vigilance accrue des gouvernements occidentaux, soucieux de déterminer l'origine précise de ces fonds qui s'invitent dans le capital de sociétés européennes ou américaines. Une chose est en revanche sûre : les pays émergents veulent à leur tour participer en qualité d'acteur principal aux échanges financiers internationaux.

Le rôle du yuan dans l'économie internationale s'intègre dans ce cadre. Les pressions visant à apprécier la devise chinoise se font de plus en plus fortes, tant du côté des États-Unis que de l'Union européenne. La Chine estime que tout changement brutal est à proscrire et qu'il lui appartient de déterminer quand et comment cette appréciation pourrait intervenir. Les experts estiment aujourd'hui la monnaie chinoise sous-valorisée de 30 %.

Le réveil est un peu brutal pour les Européens qui croyaient, avec l'avènement de l'euro, en avoir terminé avec les risques de change. Surtout, les Français et les Italiens gardent en mémoire que les dépréciations successives intervenues entre 1970 et 1992 pour pallier telle ou telle crise ont eu en général un coût en termes d'emploi.

Il n'est pas inutile de rappeler ici que, sans une monnaie unique, le franc français, la lire italienne et même le Deutsche Mark au début des années 2000 auraient incontestablement connu plusieurs attaques, ce qui aurait entraîné un coût colossal pour les entreprises et les contribuables européens. Sans l'euro, la faiblesse du dollar aurait eu des conséquences encore bien plus douloureuses pour plusieurs pays européens moins compétitifs, au premier rang desquels la France et l'Italie, dans la mesure où les monnaies européennes seraient probablement entrées en compétition. L'argument du « moindre mal » n'est pas très porteur, mais il n'est pas complètement inutile de le rappeler.

Dans ces conditions, si la mondialisation financière, c'est-à-dire l'accroissement des échanges et des participations financiers, est une réalité, la globalisation financière, c'est-à-dire un ensemble uni et développé de manière partout identique, n'est pas encore totalement achevée. Sa réalisation, qui dépend de l'évolution des pays émergents, entraînera une interaction encore plus élevée et une dimension financière nouvelle par rapport à celle que nous connaissons aujourd'hui.

En conclusion, deux risques guettent le monde : l'excès d'optimisme et l'excès de pessimisme. L'excès de pessimisme est périlleux car il peut transformer un accident en crise profonde aux conséquences difficilement maîtrisables. À l'inverse, un excès d'optimisme peut mener à l'aveuglement et ne permet pas d'anticiper les éventuels retournements. La correction est donc nécessairement brutale dans le temps et de grande ampleur. Les États-Unis, avec la crise des *subprimes*, peuvent se trouver dans le premier cas de figure, et nombre de pays émergents, au premier rang desquels la Chine, dans le second.

Par conséquent, les difficultés ne sont pas issues *stricto sensu* de la mondialisation, c'est-à-dire de l'accroissement des interdépendances, mais de l'absence de réelle gouvernance et de régulation pour les gérer, ce qui suppose des instances adaptées et un contenu faisant l'objet d'un consensus.

Une réussite économique globale incontestable

Deux paradoxes : la croissance mondiale est très soutenue et cette croissance s'est renforcée depuis 2000 (avec une moyenne de 5 à 6 % par an), mais toutes les régions n'en ont pas profité de la même manière. La croissance asiatique est insolente depuis la fin des années 1990, la croissance américaine, malgré les crises à répétition (éclatement de la bulle Internet en 2000, attentats du 11 septembre 2001, scandales comme l'affaire Enron, guerre en Irak, etc.), a été très soutenue pendant cette période et l'Afrique avance des taux de croissance qu'elle n'avait pas connus jusqu'alors. Les malades sont le Japon et l'Europe, et plus exactement l'Europe continentale de l'Ouest puisque le Royaume-Uni et l'Europe de l'Est se portent plutôt bien.

Cette diversité de situations amène donc nécessairement une appréciation différente selon l'endroit où l'on vit. Ainsi, les Britanniques, les Espagnols, les Chinois, les Vietnamiens, mais aussi les Malaisiens, les Marocains et même les Maliens seraient plutôt très demandeurs de mondialisation, alors que les Français ou les Allemands ont plutôt tendance à l'appréhender, voire à la redouter.

La mondialisation n'engendre pas les mêmes effets partout. Même si les pays émergents ont peur de casser la dynamique qu'ils connaissent, d'où des postures souvent très dures lors des négociations commerciales à l'OMC avec les pays riches, ils semblent néanmoins percevoir la mondialisation comme l'eldorado qu'ils attendaient : une sorte de rêve auquel ils peuvent enfin accéder. Elle a, en revanche, plutôt tendance à être perçue avec suspicion dans les pays riches. Rien de plus normal : celui qui n'a rien ne peut

Augmentation du revenu par tête (1995-2005)

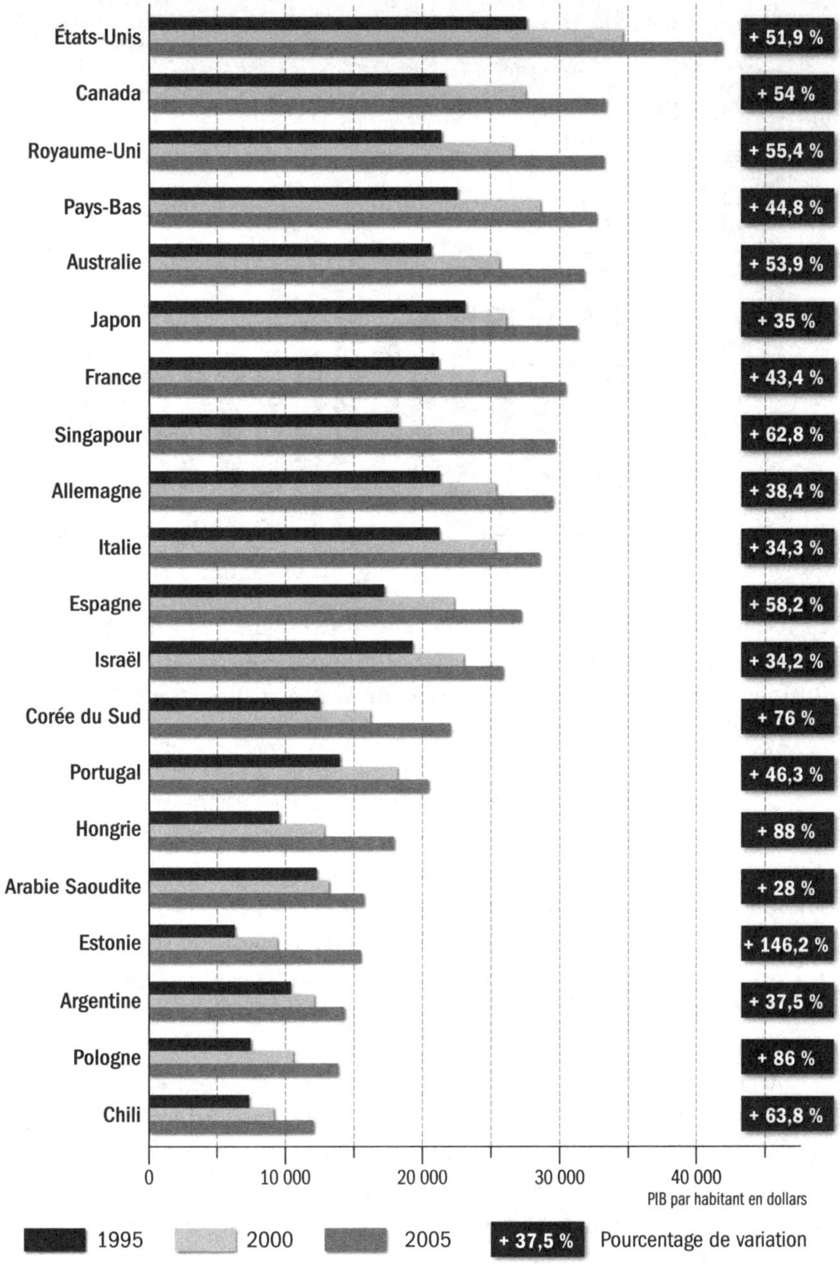

Source : World Development Indicators, 2007.

Le PIB par habitant (1995-2005)

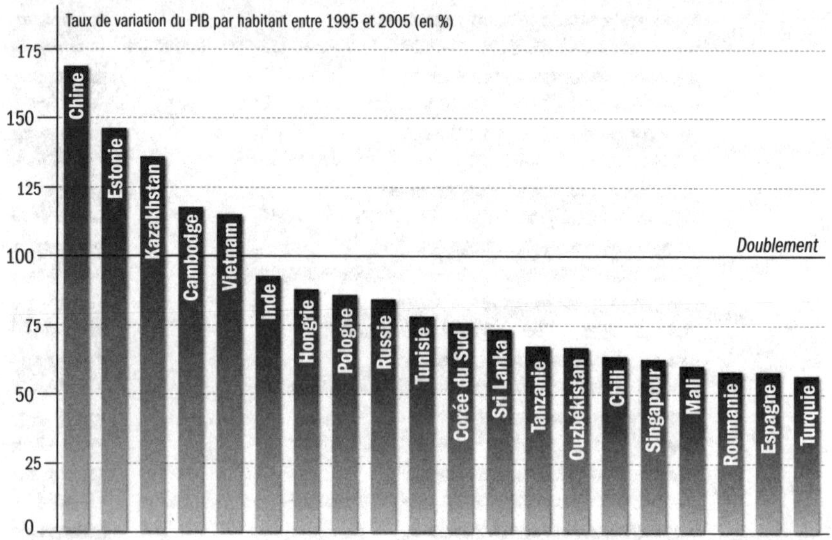

Source : World Development Indicators, 2007.

que regarder devant lui et voir en l'avenir une espérance ; celui qui a déjà peut craindre de perdre ce qu'il a, admire le passé et redoute l'avenir. La solution consiste donc à rassurer ceux qui ont peur pour redémarrer une nouvelle dynamique, facteur d'espoir et de croissance.

Le commerce international à la croisée des chemins

Comme nous l'avons vu, le commerce international a crû de manière très soutenue durant la seconde moitié du XXe siècle et a permis aux pays riches, au premier rang desquels les pays d'Europe de l'Ouest, de se reconstruire dans un premier temps et, dans un deuxième temps, de se rapprocher du pouvoir d'achat des États-Unis. Mais une grande partie du monde était exclue de cet accroissement de richesses.

À la fin du XXe siècle, le village planétaire s'est élargi et modifié : la mondialisation s'est installée partout et les cartes sont rebattues. Tous les pays aspirent désormais à se développer et à défendre leurs intérêts.

Ce sujet est potentiellement polémique car il soulève trois questions essentielles : la première porte sur l'intérêt et la pertinence d'un abaissement des droits de douanes en tant que tels pour atteindre un fonctionnement optimal du marché, c'est-à-dire sans distorsions, afin de permettre le développement du commerce international, source, selon les théories économiques, d'accroissement des richesses et d'amélioration du bien-être ; la deuxième question porte sur la réciprocité de ces abaissements (si l'intensification des échanges est bonne en soi, encore faut-il que ces échanges se fassent sur une base réciproque) ; la troisième, enfin, porte sur la transparence, l'égalité des échanges afin d'éviter les mesures anticoncurrentielles faussant le jeu comme les mesures de dumping social (faire travailler des enfants, des adultes tous les jours, etc.), environnemental (produire sans aucun souci de l'environnement, ne pas recycler, polluer l'air, les mers, etc.), monétaire (jouer sur ses taux de change pour sous-évaluer sa monnaie de sorte que ses produits soient moins chers que ceux de la concurrence), fiscal (absence d'imposition sur les sociétés, opacité des références ou des documents exigés, etc.). C'est en réalité cette dernière question qui est la plus problématique et qui peut fausser la compréhension des deux premières. Les théories et les études empiriques économiques ont démontré que le commerce international était bénéfique pour le développement économique et que l'intensification des échanges a apporté la prospérité à ceux qui y ont concouru. La deuxième question paraît une évidence, mais la perception de la notion de réciprocité est, elle, plus compliquée à appréhender car elle signifie que la mondialisation, dans le sens de l'accroissement des échanges, créera des gagnants et des perdants[4]. Or, si le gain est collectif, les pertes restent individuelles. L'argument du gain collectif ne semblant plus être suffisant pour susciter l'adhésion de nombreux gouvernements, ils se sont crispés ces dernières années.

Le blocage des négociations commerciales actuelles appelées « cycle de Doha » dure maintenant depuis près de dix ans – l'échec de Seattle où les altermondialistes s'étaient fait connaître remonte à 1999. Pourquoi ?

Les causes de ce blocage sont nombreuses.

Plus globalement, depuis 1999, les équilibres économiques ont changé : les économies émergentes s'imposent de plus en plus, l'Europe et le Japon sont à la traîne, les États-Unis souhaitent le succès des négociations à condition qu'elles leur soient bénéfiques et les pays pauvres acceptent de moins en moins les inégalités entre pays du Nord et pays du Sud, c'est-à-dire l'impossibilité pour eux de concurrencer les pays riches en exportant chez eux. Ce jeu à quatre (États-Unis, Europe, pays émergents, pays pauvres) est d'autant plus difficile que les intérêts de chacun des protagonistes sont contradictoires.

---

4. Polaski Sandra, *Winners and Losers*, The Carnegie Endowment for International Peace, 2006.

L'approfondissement du commerce international est donc aujourd'hui à la croisée des chemins. Il peut perdurer sur les bases actuelles, complétées par des traités bilatéraux définissant les rapports économiques et commerciaux d'un pays à l'autre. Cette solution plutôt défendue par les États-Unis comporte un avantage évident et une faiblesse de principe. Du côté de l'avantage, elle permet de continuer d'avancer et d'être à la fois plus souple et plus précis dans les demandes des uns à l'égard des autres ; parallèlement, cette méthode implique une démultiplication de ce type d'accords en l'absence de stratégie globale et d'homogénéisation entre les différents blocs. C'est plutôt la loi du plus fort qui régnera ainsi, tempérée par un accommodement au cas par cas des dérogations accordées. C'est pourquoi l'Union européenne a été jusqu'à présent plutôt réticente à entrer dans ce schéma. Les grands perdants seraient probablement les pays pauvres puisqu'ils négocieraient avec plus forts et plus riches qu'eux. Les pays émergents, notamment les BRIC (Brésil, Russie, Inde, Chine)[5], même s'ils auraient préféré un accord global leur permettant d'accroître encore plus leurs gains, seraient sans doute prêts à s'accommoder d'une situation où ils ne seraient pas les moins bien armés.

Il reste les espaces économiques régionaux. L'Europe, en créant un marché unique, c'est-à-dire un marché dénué de droits de douane entre tous les pays européens, a été l'espace économique régional le plus avancé. C'est pourquoi, aujourd'hui encore, 65 % du commerce des pays européens se réalise entre pays européens. Ce succès a donné des idées à plusieurs autres pays qui ont également décidé de créer un espace régional économique commun. Dès 1967, une partie des pays asiatiques s'est regroupée autour de l'Asean (Association des nations de l'Asie du Sud-Est) en créant une zone d'échange préférentielle, autrement dit en levant les obstacles au commerce de certains produits à l'intérieur de cette région. Ce bloc s'est progressivement élargi pour compter aujourd'hui dix membres (Indonésie, Malaisie, Philippines, Singapour, Thaïlande, Brunei, Vietnam, Birmanie, Laos et Cambodge). Ensuite, les États-Unis, le Mexique et le Canada ont créé en 1994 l'Alena (Accord de libre-échange nord-américain). Concrètement, depuis les années 1990, le commerce à l'intérieur de l'Alena est passé de 42 % à 54 % des exportations totales des pays membres. Les pays d'Amérique latine ont également voulu faire de même en créant peu de temps après le Mercosur (Marché commun du Sud) qui regroupe le Brésil, l'Argentine, l'Uruguay, le Paraguay et le Venezuela. Le commerce à l'intérieur du Mercosur est ainsi passé de 9 % à 20 %.

5. Cette appellation a été créée par la banque américaine Goldman Sachs en 2001.

Au début des années 1990, l'OMC, portée par un vent d'optimisme, estimait que le régionalisme pouvait servir à compléter le multilatéralisme. Autrement dit, les accords régionaux permettraient de faciliter les accords internationaux, notamment au niveau de l'OMC. Or l'histoire récente a plutôt montré que ces larges ensembles régionaux peuvent avoir tendance à se refermer afin de créer des zones restreintes privilégiées de commerce. L'ouverture aboutirait ainsi à la... fermeture. Nous nous trouverions dans une logique de discussion de bloc à bloc. La difficulté réside, d'une part, dans le fait que certains pays, notamment africains, ne constituent pas un bloc à part entière, ce qui veut dire que les pays pauvres seraient les premiers perdants d'une régionalisation qui se ferait au détriment d'une multilatéralisation des négociations commerciales. D'autre part, les motivations de ces blocs sont très différentes. En créant l'Alena, les États-Unis étaient surtout désireux de sécuriser leur frontière avec le Mexique afin d'éviter les vagues massives d'immigration et de délocalisations frontalières. Le Mercosur, malgré les fortes tensions entre ses membres, se voit autant comme une tribune politique que comme un instrument de développement régional. Enfin, l'Asean comprend une très grande diversité de pays et donc d'intérêts qui font que les accords obtenus demeurent cantonnés à des domaines spécifiques. La forme la plus avancée de cette régionalisation est évidemment l'Union européenne, au sein de laquelle quinze États ont adopté une monnaie unique, ce qui facilite encore davantage les échanges entre eux puisque le risque lié au taux de change n'existe plus.

Si la valeur du commerce international a littéralement explosé, passant pour les exportations de 579 milliards de dollars en 1973 à 10 159 milliards en 2005 et traduisant ainsi la richesse globale produite, les évolutions varient fortement en fonction de la performance de chaque pays. Ainsi, il ressort clairement que le Japon a payé le prix fort entre 1993 et 2005 puisque sa part dans les exportations mondiales a fondu quasiment de moitié sur la période alors qu'il était présenté au début des années 1990 comme un géant allant écraser l'Europe et les États-Unis ! Les économies européennes – à l'exception notable de l'Allemagne – et les États-Unis perdent du terrain de manière plus ou moins prononcée au bénéfice des pays émergents. La Chine devient clairement l'atelier du monde entier en se hissant à la troisième place en 2005 alors qu'elle n'occupait qu'une place assez marginale en 1993.

Les tendances sont globales mais les résultats restent individuels.

Place de certains exportateurs dans le commerce mondial (1983-2005)

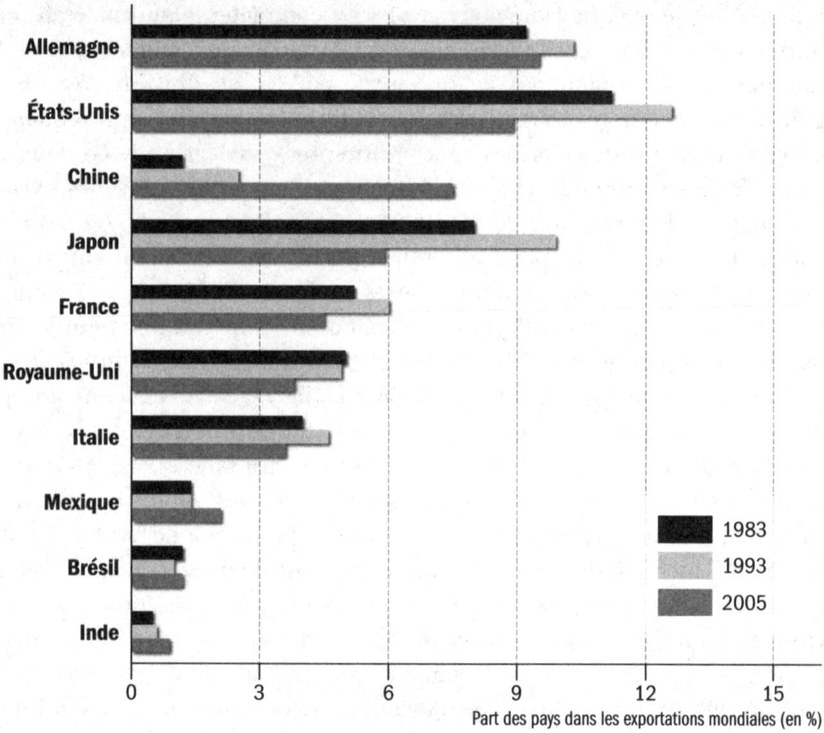

Source : OMC.

La mondialisation renforce le poids des multinationales

Les multinationales, c'est-à-dire les grandes entreprises implantées dans plusieurs pays, seront-elles perdantes ou gagnantes dans la mondialisation ? Pour beaucoup, il semble qu'elles soient gagnantes[6]. Les années 1980 ont été caractérisées par la multinationalisation des firmes japonaises ; les années 1990 et plus encore la décennie 2000-2010 voient clairement grandir le poids des multinationales.

Cela signifie que les entreprises grossissent essentiellement sous la forme de fusions-acquisitions – qui, à elles seules, expliquent par ailleurs 70 % des flux d'investissements internationaux ! Ainsi, les grandes sociétés se sont restructurées pour donner naissance à des géants dans les différents

6. Sondage réalisé par The German Marshall Fund of the United States, *Trade and Poverty Survey*, 2005.

secteurs d'activité. Total, en absorbant Petrofina en 1999 puis Elf-Aquitaine en 2000, est devenue la première entreprise multinationale française et la 9e dans le classement des 100 premières entreprises mondiales effectué fin 2007 par les Nations unies.

Les 10 plus grosses opérations de fusion-acquisition (1998-2007)

Entreprise cible	Entreprise acquéreuse	Montant (en milliards de dollars)	Année de l'opération
Mannesmann	Vodafone	172,2	1999
Time Warner	America Online	112,1	2000
Warner-Lambert	Pfizer	111,8	1999
BellSouth	AT&T	101,9	2006
ABN Amro	RBS/Fortis/Santander	> 100	2007
Volkswagen	Porsche	96,9	2007
Mobil	Exxon	85,6	1998
SmithKline	Glaxo Wellcome Beecham	79,6	2000
Ameritech	SBC Communications	76,2	1998
GTE	Bell Atlantic	74,6	1998

Source : Dealogic.

Toutefois, un élément nouveau est intervenu : l'arrivée dans ce grand jeu mondial de grands groupes issus de pays émergents. Si le rachat d'une entreprise européenne par une entreprise japonaise ou américaine était, sinon fréquent, tout du moins intégré, le rachat en 2005 d'Arcelor par Mittal a résonné comme une alarme pour les Européens. Les émergents participent désormais au rachat et pas nécessairement dans le rôle de la proie, mais dans celui du prédateur ! Ainsi, après une longue bataille, l'indien Mittal a réussi à racheter le groupe franco-luxembourgeois. Il est évident que ce n'est qu'un début. Tous les groupes indiens, chinois, brésiliens, mexicains, sud-africains ou indonésiens ne rachèteront pas des groupes européens, américains ou japonais, mais ils seront, de plus en plus, des acteurs à part entière, au même titre que les autres. En 1995, seuls deux groupes internationaux originaires de pays émergents faisaient partie des 100 premières entreprises mondiales ;

ils sont désormais sept, soit un triplement en dix ans. On compte aujourd'hui 78 400 multinationales dans le monde et 780 000 filiales.

Les 100 premières entreprises mondiales par nationalité (1995-2005)

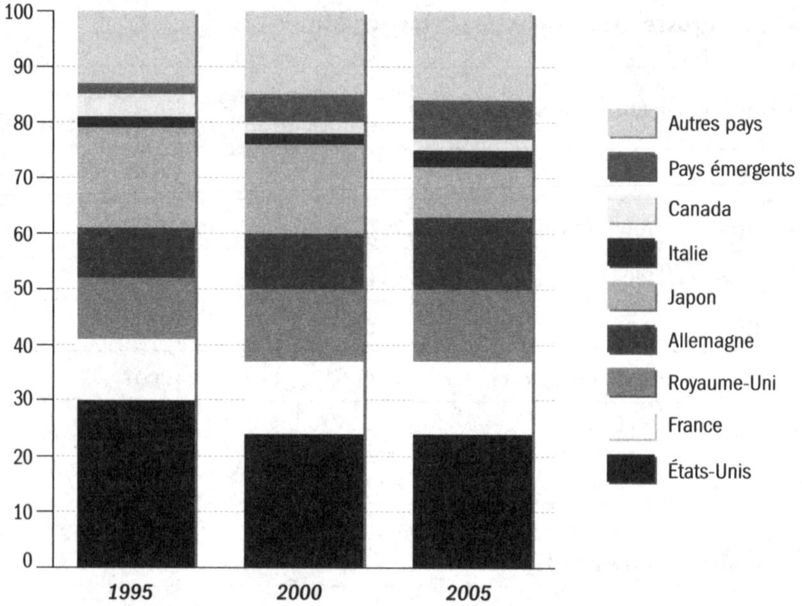

Source : PNUD, 2005.

Pourtant, là encore, rappeler les faits permet de combattre quelques idées reçues. Tout d'abord, l'idée que la performance économique d'un pays serait liée à celle de ses grandes entreprises. Dans ces conditions, la mondialisation devrait affaiblir les grandes entreprises européennes puisque l'Europe connaît un taux de croissance très modéré par rapport au reste du monde. Cet affaiblissement ne se retrouve pas dans les succès des multinationales européennes. Ainsi, on comptait 11 multinationales allemandes et françaises en 1995, elles sont 13 en 2005 !

Deuxième idée : il est normal que les multinationales, même européennes, tirent leur épingle du jeu car seuls les puissants peuvent profiter de la mondialisation. Là encore, les faits et les chiffres permettent de nuancer. Les deux pays qui ont le plus souffert de la mondialisation, si l'on considère le classement des grandes entreprises, sont le Japon et les États-Unis. Alors que le Japon comptait 18 entreprises parmi les 100 premières mondiales en 1995, il n'en compte plus que neuf aujourd'hui. Les États-Unis, quoique restant à la première place, en détiennent 24 en 2005 contre 30 dix ans plus tôt. Dans le même temps, les États-Unis ont connu une croissance économique particulièrement forte alors même que leurs grandes entreprises perdaient du terrain ! Quelques pays développés, tel le Canada, affichent également une santé économique florissante, alors que le nombre de grandes entreprises canadiennes est limité (on en compte deux) et stable depuis 2000. À l'inverse, cette corrélation peut exister pour un pays comme le Royaume-Uni, qui a également connu une très forte période de croissance continue ces dix dernières années et qui compte 13 sociétés parmi les 100 premières. Enfin, les multinationales originaires des pays émergents figurant dans ce classement ne sont ni chinoises ni indiennes mais plutôt mexicaines et malaisiennes.

Un classement complémentaire a été réalisé par les Nations unies pour les 100 premières entreprises mondiales originaires des pays émergents. Si la Chine (incluant Hong Kong et Taïwan) arrive largement en tête, il est également intéressant de noter que la place de l'Inde est très modeste alors que les grandes entreprises de Singapour, d'Afrique du Sud et du Mexique sont particulièrement performantes.

Les 100 premières entreprises mondiales de pays émergents par nationalité (1995-2005)

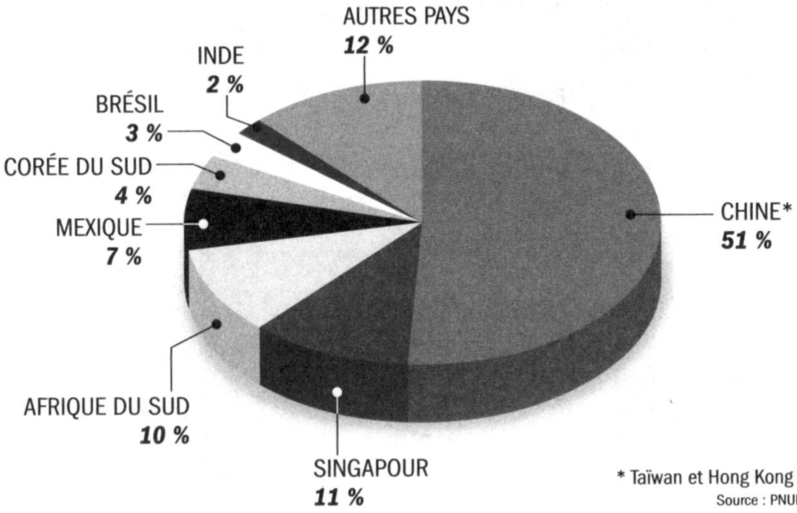

* Taïwan et Hong Kong inclus
Source : PNUD, 2005.

Quoi qu'il en soit, si la mondialisation a incontestablement renforcé le poids des grandes entreprises à vocation internationale, elle n'a ni sanctionné ni récompensé automatiquement la performance économique de chaque État. Autrement dit, les performances d'un pays, à contexte équivalent, restent individuelles et hétérogènes.

La mondialisation comme facteur d'amélioration du développement humain dans plusieurs pays pauvres et émergents

De la même manière qu'il est juste de dire que la mondialisation a permis une croissance économique mondiale soutenue, il est tout aussi incontestable de reconnaître que de gros progrès ont été accomplis en termes de développement humain, c'est-à-dire en matière d'espérance de vie, d'alphabétisation, de diminution de la mortalité infantile, etc., même si la mondialisation n'en est pas la cause unique.

Ainsi, concrètement, le taux d'alphabétisation en Chine est passé de 78 % de la population âgée de plus de 15 ans en 1990 à 91 % en 2005, soit une amélioration très nette en l'espace de quinze ans. Mais la Chine n'est pas isolée, des pays aussi différents que l'Inde, le Maroc, le Sénégal ou la Turquie ont également connu une amélioration sensible.

Évolution du taux d'alphabétisation pour quelques pays (1990-2005)

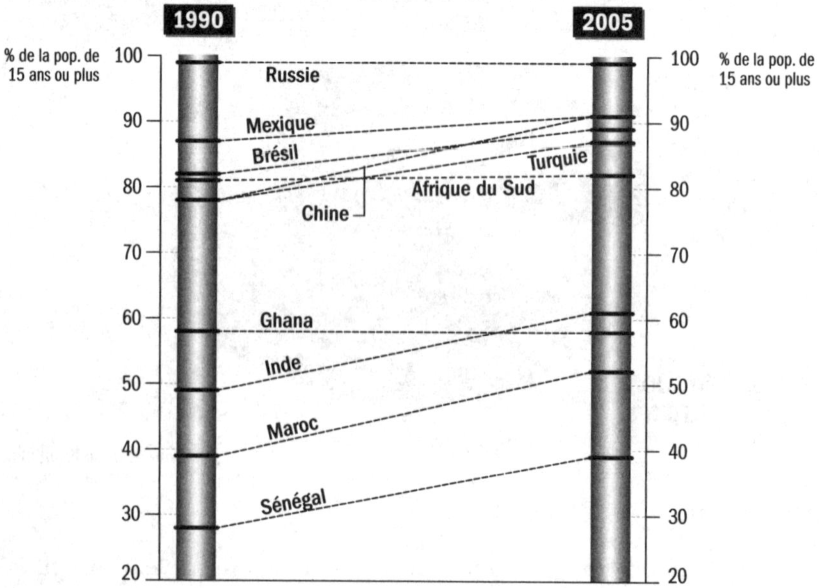

Source : World Bank institute, 2007.

Amélioration de l'espérance de vie dans les pays émergents

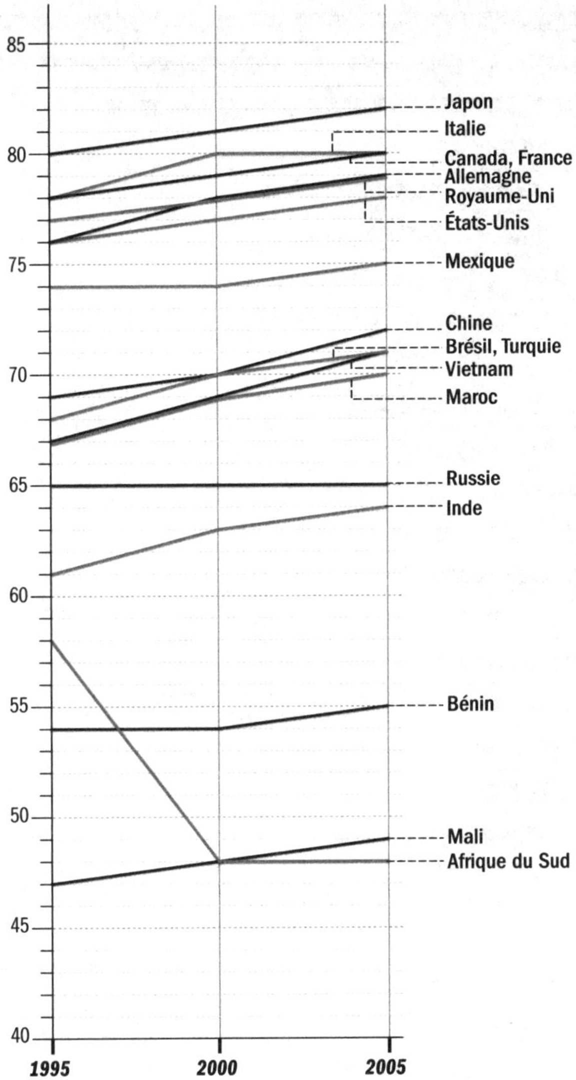

Source : World Development Indicators, 2007.

Dans l'ensemble, baisse de la fécondité (1990-2005)

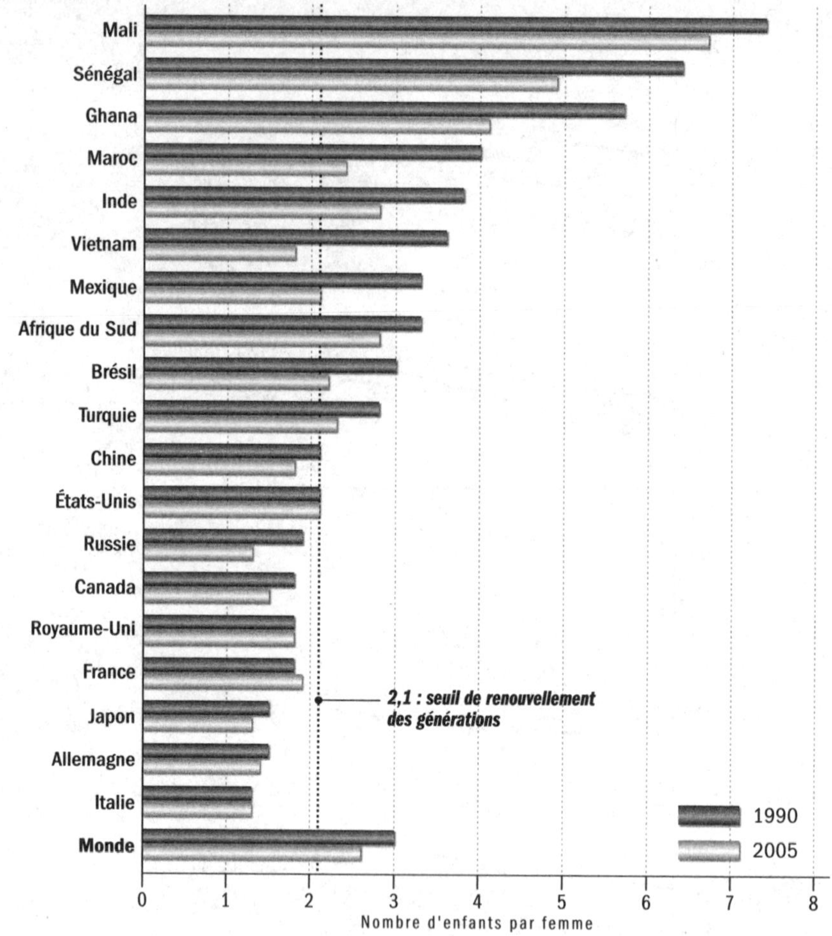

Source : World Bank institute, 2007.

Parallèlement, en matière d'espérance de vie, des progrès très sensibles ont été accomplis au cours des quinze dernières années. Si l'espérance de vie a continué à croître légèrement, en général de deux à trois ans (le Japon ayant ainsi l'espérance de vie la plus élevée au monde), les gains ont été encore plus sensibles dans différentes régions du monde. Le Vietnam ou le Maroc ont ainsi gagné six ans d'espérance de vie entre 1990 et 2005 ! D'autres pays, comme le Mexique, la Turquie, le Brésil, l'Inde ou le Mali, ont également amélioré leur espérance de vie. La Russie et l'Afrique du Sud sont des exceptions : la première paie les excès des années 1990 (forte crise économique, alcoolisme élevé, etc.) et le taux de mortalité de la seconde est essentiellement dû à l'épidémie de sida qui a terrassé plusieurs générations de jeunes Sud-Africains.

La mesure de la diminution de la pauvreté en tant que telle est plus délicate. Si, d'un côté, il y a un consensus international pour estimer que 250 millions de personnes sont sorties de la grande pauvreté entre 1990 et 2001, ces progrès ont été essentiellement localisés en Chine, en Inde et dans les grands pays émergents. Cette réduction émane donc essentiellement des pays d'Asie où les populations sont très nombreuses. En revanche, la pauvreté a augmenté sur cette période en Afrique subsaharienne. Des progrès ont toutefois été constatés depuis 2000 puisque la croissance est de retour en Afrique. La maîtrise de l'accroissement démographique joue un grand rôle puisque les gains économiques peuvent être absorbés par une croissance démographique qui reste encore très soutenue dans plusieurs pays. Et ce n'est pas un hasard si les pays qui enregistrent les meilleures performances (en termes de croissance économique et de développement humain comme le Ghana, l'Afrique du Sud et dans une certaine mesure le Sénégal) ont une natalité plus mesurée.

Mais réduction de la pauvreté ne veut pas dire réduction des inégalités. Or les inégalités se constatent à trois niveaux : entre les pays riches et les pays pauvres ; à l'intérieur des pays riches ; puis à l'intérieur des pays pauvres ou émergents.

Vue des pays riches, la mondialisation menace-t-elle les emplois et les salaires ?

Dans les pays du Nord, la mondialisation est parfois accusée sinon d'en avoir été à l'origine, tout du moins d'être un facteur de creusement des inégalités de revenus, de patrimoine, et d'être la première cause des délocalisations, notamment à destination des pays émergents.

Sur ce thème aussi, les idées reçues doivent être combattues.

Les pays émergents ne peuvent être tenus pour responsables de la croissance molle de quelques pays développés, essentiellement européens ; au contraire, les sources de croissance viennent de ces pays et permettent à plusieurs autres, notamment les États-Unis, le Royaume-Uni et plusieurs pays africains, d'en profiter.

Les promoteurs de la mondialisation peuvent mettre à son actif la baisse des prix et les effets bénéfiques engendrés par l'existence d'une diversité des produits et donc de choix. L'accroissement des échanges liés au progrès technique permet d'acheter des produits moins chers. Il s'agit évidemment des produits électroménagers (le prix des écrans plats à plasma a connu une très forte baisse, permettant ainsi l'explosion de leurs ventes dans les pays développés ; c'est également le cas des ordinateurs, des appareils photo, etc. Mais le consommateur n'achète pas un téléviseur tous les mois). La mondialisation amènerait aussi des biens communs à des prix plus accessibles, au premier rang le textile. Ainsi, le Royaume-Uni a vu par exemple ses prix relatifs baisser dans ce secteur d'environ 20 % entre 1995 et 2005. Cela peut expliquer pourquoi les Britanniques sont favorables à plus de 80 % à la mondialisation et estiment qu'elle leur est bénéfique. Or tous les pays n'ont pas connu de telles baisses de prix car elles dépendent essentiellement des circuits de distribution. Si le consommateur ne constate pas de baisse, il peut légitimement s'interroger sur les bienfaits de la mondialisation. Mais comme Érik Orsenna le note, non sans ironie, vaut-il mieux payer un produit moins cher avec ses indemnités de chômage ou plus cher avec son salaire[7] ? Autrement dit, la mondialisation permettrait-elle une baisse des prix en engendrant parallèlement une menace sur les emplois ?

Tout d'abord, les changements en cours s'expliquent par le passage d'un commerce intrabranche, c'est-à-dire l'échange de variétés d'un même bien, à un commerce interbranche, c'est-à-dire l'échange de biens différents[8]. Au début des années 1980, le commerce entre les États-Unis et l'Europe, par exemple, reposait essentiellement sur un commerce intrabranche ; ces pays commerçaient avec le même type de biens, de sorte que le reclassement des salariés était plus facile. Les salariés licenciés devaient retrouver du travail dans le même secteur, avec plus ou moins les mêmes produits. La fin des années 1990 a vu l'accroissement du commerce interbranche, donc avec des produits différents. Dans ces conditions, il est

7. Orsenna Erik, *Voyage au pays du coton. Petit précis de mondialisation*, Paris, Fayard, 2006.

8. Delozier Benjamin et Montout Sylvie (DGTPE), *Trésor-Éco*, n° 11, mars 2007.

devenu plus difficile pour un salarié licencié de se réinsérer dans la mesure où il s'agit de biens, de produits, de secteurs complètement différents. Le commerce interbranche nécessite donc une forte adaptation et condamne davantage ceux qui sont moins souples et moins qualifiés.

Ensuite, l'impact négatif théorique de la mondialisation sur le travail ne semble pas vérifié dans les faits. En effet, les pays qui ont une économie très mondialisée et très ouverte (poids de leur commerce extérieur important), comme les Pays-Bas, la Suède ou le Canada, ont connu depuis dix ans un fort dynamisme économique. Il est donc faux de prétendre que la mondialisation, en elle-même, met en péril la croissance et donc l'emploi.

La question du *made in* est un bon exemple pour illustrer la diversité du sujet. Cette inscription fait aujourd'hui débat. Comment déterminer l'origine d'un produit ? Un bien peut désormais être produit en Slovaquie par des ouvriers en partie polonais, avec un moteur allemand, des pièces de sous-traitants chinois et russe et du matériel électronique de Singapour au profit d'une entreprise dont le siège social est en France, mais dont le capital est aussi détenu par des investisseurs américains, espagnols et japonais. Au-delà de la définition « douanière » qui comptabilisera les exportations et les importations, il est difficile de déterminer avec précision et, à vrai dire, d'affirmer avec exactitude la nationalité d'un bien ou d'une entreprise.

Cette réalité pose une autre question visant à identifier l'origine d'un produit. Le *made in* peut donc sembler obsolète car il ne reflète que partiellement la diversité d'un produit. Affirmer qu'Airbus est une entreprise française parce qu'une partie des avions est assemblée à Toulouse est tout aussi inexact que dire que Boeing est uniquement une entreprise américaine alors que plusieurs pièces détachées de l'avionneur américain sont d'origine européenne.

Mais cette diversité ne se limite pas uniquement à la production, à la fabrication ou à l'assemblage d'un produit – trois étapes qui sont déjà, comme nous venons de le voir, trois réalités différentes ; en effet, la nationalité d'un produit ne devrait-elle pas être également reconnue et identifiée lors de sa création, de sa confection, de sa publicité ou de son marketing ? L'industrie textile illustre bien cette diversité. Une ligne de sous-vêtements peut être imaginée en France, assemblée en Chine avec des matières venant d'Inde et faire l'objet d'une promotion commerciale assurée par une équipe française de marketing et de publicité. Quelle est la nationalité de ce produit ? Le seul *made in China* est assurément insatisfaisant. Il serait donc utile d'identifier toutes ces différentes facettes et de les refléter à travers une labellisation spécifique. Le *designed in*, par exemple, pourrait désigner la création d'un produit en reflétant cette diversité, c'est-à-dire ne pas réduire la nationalité d'un produit à la seule origine de sa production industrielle.

Toutefois, toutes les études d'opinion montrent que les délocalisations sont la peur numéro un des salariés des pays développés. Cette crainte tend à se répandre à différents niveaux de la population et plus uniquement au niveau des ouvriers et des professions peu qualifiées, même s'ils sont clairement les plus exposés. Parce que l'intensification de la mondialisation et la détérioration de la situation des travailleurs peu qualifiés dans les pays développés sont deux phénomènes qui se sont déroulés concomitamment, la mondialisation peut être facilement accusée sinon d'avoir engendré, du moins de favoriser cette détérioration.

Différentes études économiques[9] montrent que, en réalité, ce n'est pas la mondialisation qui est à l'origine des délocalisations, mais le progrès technique. Ainsi, les mineurs du Nord ont perdu leur emploi non pas parce que les mines ont été délocalisées, mais parce que le progrès technique rendait caduque l'exploitation de cette ressource. Il s'agirait donc surtout d'un redéploiement et d'une adaptation engendrés par les conséquences du progrès technique. Depuis 2000, 25 % des emplois ont été supprimés, ce qui concerne environ 300 000 personnes, dans le secteur automobile américain. Cette contre-performance ne s'explique pas par une augmentation des délocalisations des firmes automobiles américaines ; au contraire, plusieurs constructeurs européens et asiatiques ont même installé des usines sur le sol américain depuis 2000... mais pas suffisamment pour compenser les pertes d'emploi de l'industrie américaine. L'accélération du progrès technique et les mauvaises performances commerciales des constructeurs automobiles américains expliquent ces pertes d'emploi bien plus que les délocalisations de Ford, de Chrysler ou de General Motors.

Pour certains, si le capitalisme peut être accusé d'être source d'inégalités de revenu et de patrimoine, la mondialisation amplifierait ces inégalités. Ici aussi, la situation varie en réalité fortement selon les pays. Cela s'explique essentiellement par deux facteurs : le premier étant le modèle économico-social du pays et le second ses performances économiques. Par exemple, la

---

9. Terfous Nadia, « Mondialisation et marchés du travail dans les pays développés », *Diagnostic, prévisions et analyses économiques*, n° 96, janvier 2006. Bassaler Nathalie et Mareuge Céline, *Mondialisation, inégalités et redistribution interne : comment rendre la mondialisation socialement acceptable*, Paris, Centre d'analyse stratégique, dossier n° 3, juillet 2006.

pauvreté aux États-Unis concerne environ 12,5 % de la population en 2008. Cette situation n'est pas nouvelle et la mondialisation en tant que telle n'est pas responsable du taux de pauvreté aux États-Unis. La pauvreté outre-atlantique touche entre 11 et 15 % de la population depuis 1970 ; elle touchait plus de 22 % de la population en 1959 et environ 15 % en 1965[10]. Inversement, d'autres pays, tels les pays scandinaves, ont estimé que leur modèle social était le fondement de leur société. La mondialisation n'a pas éliminé ces modèles. Ensuite, les revenus ne sont pas uniquement ceux du travail ; les revenus du capital peuvent être un facteur aggravant d'inégalités. À cet égard, il est intéressant de noter que le cours des actions des très grandes entreprises, dopé par la mondialisation, a augmenté de manière exceptionnelle ces vingt dernières années dans les pays développés. Par conséquent, les détenteurs de ces actions ont vu leurs revenus mobiliers, *via* les dividendes et leurs patrimoines, augmenter fortement, comme le démontre l'économiste Daniel Martin. L'exemple de L'Oréal, dont le cours de bourse a augmenté de 2 516 % entre 1987 et 2007, est éloquent. Deuxième facteur, les performances économiques de chaque pays ont été déterminantes pour réduire ou non la pauvreté. Ainsi, le Royaume-Uni, grâce à une croissance soutenue, a commencé à réduire ses inégalités entre 1995 et 2005 alors que ce n'est pas le cas pour les États-Unis dont la croissance a également été soutenue sur la période.

La mondialisation entraînerait une baisse des salaires. Cela semble à la fois juste et faux. L'évolution des revenus a fortement varié en fonction des qualifications des travailleurs. Ainsi, aux États-Unis, un travailleur très qualifié a vu ses revenus en termes relatifs augmenter entre 1997 et 2003 alors qu'un travailleur peu qualifié a vu les siens diminuer.

Évolution des revenus aux États-Unis en fonction du niveau de formation (1997-2003)

Base 100 pour les travailleurs moyennement qualifiés		
	Travailleurs peu qualifiés	**Travailleurs très qualifiés**
1997	70	168
2003	66	172

Source : OCDE, *Regards sur l'éducation*, 2005.

10. Martin Daniel, *Niveau de vie, inégalités et pauvreté en France et aux États-Unis*, 2007 (http://www.danielmartin.eu/Economie/Pauvrete-France-USA.htm).

Une deuxième difficulté s'explique par le décalage temporel entre une délocalisation humainement et individuellement vécue et l'ajustement qui permettra de nouveaux emplois et de nouvelles activités, mais qui s'inscrit dans une perspective de plus long terme. Les salariés touchés veulent, à juste titre, une réponse immédiate, alors que les nouveaux emplois ne sont pas toujours immédiatement disponibles. Ensuite, délocaliser un emploi n'est pas nécessairement le signe d'une médiocre performance des salariés. Dans ces conditions, il est très légitime qu'un sentiment d'injustice s'exprime dans la mesure où l'aléatoire et l'arbitraire semblent prévaloir, et ce sans aucun lien avec les performances individuelles de chacun. Mais là aussi, la mondialisation ne semble pas en être responsable. Il faut chercher des explications dans la performance de chaque pays et du côté des adaptations nécessaires que les entreprises doivent opérer pour faire face à l'innovation et au progrès technique.

En conclusion, la production dans les pays à bas salaires aurait donc un double effet négatif : entraîner les salaires vers le bas pour les moins qualifiés et/ou constituer un élément de dumping social en attirant les productions industrielles sur son sol.

Parallèlement, le commerce entre les pays développés et les pays en développement représente une part négligeable des échanges des pays développés et, *a fortiori*, de leur PIB pour expliquer l'ampleur des phénomènes constatés. Les pays riches commercent avant tout très majoritairement entre eux, même si les échanges augmentent avec les pays émergents. Ainsi, le commerce de l'Union européenne est constitué à plus de 65 % d'échanges intra-européens.

Par conséquent, ce seraient avant tout l'absence de formation qualifiante et le progrès technique qui expliqueraient les ajustements et les délocalisations. L'entrée des grands pays émergents dans l'économie mondiale peut renforcer la pression sur les travailleurs peu qualifiés, mais elle n'est pas la première cause de ces ajustements. Les pays développés doivent donc accompagner ces travailleurs afin de faire accepter socialement ces transitions en soutenant les perdants potentiels.

Vue des pays pauvres et émergents, la mondialisation signifie-t-elle un accroissement des inégalités ?

Cette question soulève de nombreux paradoxes.

D'une part, la population vivant avec moins de un dollar par jour (seuil au-dessous duquel la pauvreté est déclarée) est passée de 40 à 21 % entre

1981 et 2000. De nombreux pays, comme nous l'avons vu, ont aussi sensiblement amélioré leurs indicateurs de développement humain. Enfin, le nombre de riches a considérablement augmenté en très peu de temps dans plusieurs pays émergents.

Le nombre de riches et de très riches a considérablement augmenté entre 1996 et 2006

Le nombre des grandes fortunes financières privées a presque doublé ces dix dernières années, passant de 4,5 millions de personnes en 1996 à 8,7 millions en 2006. Le patrimoine financier a été également multiplié par deux durant cette période, passant de 16 600 milliards de dollars à 33 300 milliards, soit une progression de 8 % par an. En 2005, le club des millionnaires s'est accru de 500 000 personnes après une hausse de 600 000 en 2004. De la même manière, les très grandes fortunes disposant de plus de 30 millions de dollars sont environ 85 400 dans le monde et leur nombre a progressé de 10,2 %[11].

Les milliardaires ne sont pas en reste. Leur croissance est même plus forte que celle des millionnaires ! Selon le classement annuel du magazine américain *Forbes* paru le 9 mars 2007, on a compté 946 milliardaires contre 374 milliardaires en 1995, soit un quasi-triplement.

L'origine géographique des nouveaux entrants confirme le poids grandissant des puissances émergentes. Ainsi, 13 milliardaires indiens s'ajoutent à la liste, rejoignant ainsi 23 de leurs compatriotes. La Chine (avec Hong Kong), de son côté, compte désormais 41 milliardaires. Le Japon est ainsi relégué à la troisième place des pays asiatiques, avec 24 milliardaires. La Russie, avec 19 nouveaux membres, atteint 53 milliardaires (talonnant ainsi l'Allemagne qui compte 55 milliardaires) pour une fortune totale de 282 milliards de dollars. Le Brésil compte désormais 19 milliardaires, dépassant ainsi la France qui en compte 15. Les États-Unis continuent d'occuper la première place avec 415 milliardaires (soit 44 de plus que l'année précédente).

Il est aussi intéressant de noter que, si environ un tiers d'entre eux sont milliardaires sur la base d'un héritage, deux tiers le sont devenus par leur réussite personnelle.

11. Chervalier Benoît, « Fondations philanthropiques et mondialisation : quels défis pour ce siècle ? », *Rapport moral sur l'argent dans le monde*, Paris, Association d'économie financière, 2007.

Le nombre des grandes fortunes dans le monde s'est ainsi substantiellement accru et devrait continuer à progresser de 6 % par an d'ici à 2010 d'après la dixième édition du *World Wealth Report*[12]. Ce scénario est relativement prudent au regard des taux de croissance constatés ces dernières années.

D'autre part, quelques chiffres éloquents montrent que le chemin à parcourir est encore long. Sur les 192 pays souverains reconnus par les Nations unies, les 20 premières puissances économiques se partagent plus de 90 % de la richesse mondiale. Trente-trois mille enfants meurent chaque jour, 1,2 milliard d'êtres humains vivent avec moins de un dollar par jour, 2 milliards de personnes n'ont pas accès à l'eau potable, 38 millions de personnes sont contaminées par le virus du sida, dont 95 % dans les pays sous-développés et 70 % en Afrique. Les pays où se concentre cette pauvreté sont essentiellement des PMA (pays les moins avancés).

Les inégalités se sont creusées au niveau mondial : ainsi, au plan financier, entre 1960 et 1995, la part des 20 % les plus pauvres dans le revenu mondial est tombée de 2,3 % à 1,4 % et la part des 20 % les plus riches est passée de 70 à 80 %. Parallèlement, pour la première fois depuis l'indépendance africaine, le revenu par tête a augmenté en Afrique de 2 à 3 % par an depuis 2000. La question essentielle est de savoir si cette amélioration – du jamais-vu depuis trente ans – est conjoncturelle ou structurelle. En tout état de cause, selon l'ancien économiste en chef de la Banque mondiale François Bourguignon, si la croissance se maintient à son taux actuel pour les pays en développement (4,2 %/an) jusqu'en 2030, l'extrême pauvreté diminuera de moitié pour concerner 550 millions de personnes alors qu'elle touche aujourd'hui 1,1 milliard de personnes. Cette réduction sera même beaucoup plus forte puisque la population de la planète aura significativement augmenté en 2030.

12. Cette étude de Cap Gemini et de Merrill Lynch couvre 68 pays totalisant 98 % du PIB mondial et 99 % de la capitalisation boursière mondiale. Par richesse, on entend le patrimoine financier net des individus disposant de plus de un million de dollars hors résidence principale.

Les pays les moins avancés (PMA)

La communauté internationale a défini aux Nations unies une catégorie de pays plus vulnérables que les autres en 1971 sous le terme de « pays les moins avancés » (PMA).

Une liste est définie, qui est révisée tous les trois ans. En 2006, 50 pays figuraient sur la liste, dont 34 africains. Les critères d'appartenance à la liste portent sur le niveau de revenu par habitant (qui doit être inférieur à 900 $ par habitant et par an), le retard dans le développement humain, c'est-à-dire le taux d'alphabétisation, de mortalité infantile, et la vulnérabilité économique du pays. Les pays peuplés ne peuvent être qualifiés de PMA (la population d'un pays doit être inférieure à 75 millions d'habitants).

Concrètement, cette « appellation » permet à ces pays de bénéficier de traitements préférentiels tant sur le plan de la dette que sur la mise en œuvre d'accords commerciaux spécifiques.

Jusque dans les années 1990, on a voulu analyser les causes de ces inégalités en deux temps : si les inégalités entre pays étaient dues à des niveaux de développement différents, les inégalités à l'intérieur des pays étaient expliquées, pour leur part, par des facteurs locaux et des préférences de politique nationale. La mondialisation rend caduque cette approche en deux temps. Elle oblige à faire face simultanément à la grande variété des causes, locales et globales.

Un nouveau paradoxe se dessine. La croissance favorise l'accroissement de la richesse globale et peut permettre une réduction de la grande pauvreté ; en revanche, elle ne résorbe pas nécessairement les inégalités. Les inégalités les plus criantes peuvent se retrouver dans les pays où la croissance a été exceptionnellement forte depuis plus de dix ans, tels que l'Inde ou la Chine. Ces immenses pays connaissent d'énormes disparités régionales – une Chine avec un littoral riche et développé s'oppose à une Chine du Centre et de l'Ouest beaucoup plus pauvre ; ils bénéficient encore, du fait d'un nombre colossal de paysans, d'une ressource en main-d'œuvre pauvre, donc peu chère, dont la vie s'améliore nécessairement de manière lente et très progressive. Une partie, substantielle en nombre (quelques millions !) mais très faible en pourcentage, de ces populations est très riche ; une partie très importante en nombre (plusieurs dizaines de millions) rendrait compte de l'émergence d'une classe moyenne, mais ces chiffres – comparés à plus de un

Arrivée de migrants dans certains pays de l'OCDE en 2005

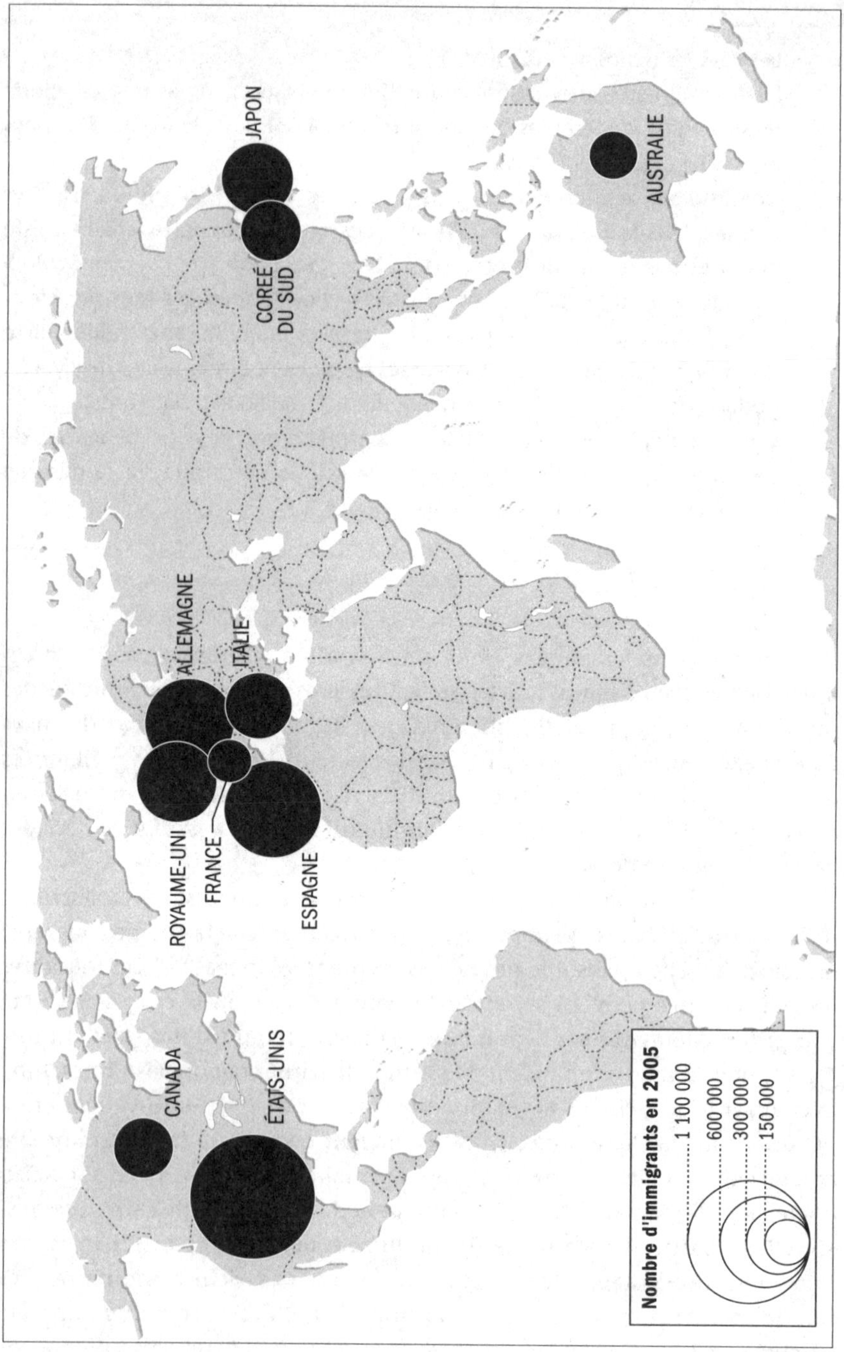

Source : OCDE.

milliard d'habitants dans chacun de ces deux pays – ne permettent pas d'espérer une réduction rapide des inégalités. Enfin, la situation de la Chine est elle-même très différente de celle de l'Inde, la Chine étant près de trois fois plus riche que l'Inde alors que, par ailleurs, la population indienne devrait dépasser la population chinoise d'ici aux vingt prochaines années.

Enfin, la gestion des flux migratoires constitue une autre forme d'inégalité. La mondialisation globale, c'est-à-dire celle qui consisterait à assurer concomitamment la mobilité des capitaux, des biens, des services et des hommes, n'existe pas. La mondialisation reste partielle. Les flux migratoires restent donc limités et sont essentiellement dictés par les « besoins » des pays d'accueil. Ainsi se développent les thèmes de l'immigration choisie et de la recherche des cerveaux. La compétition se déroule alors entre des personnes hautement qualifiées qui sont sollicitées par les pays désireux d'accueillir ces profils, ce qui crée notamment deux types d'effets pervers. Le premier peut consister à vider un pays de ses cerveaux alors que son développement repose naturellement sur eux ; le second réside dans l'accroissement des inégalités salariales dans la mesure où la seule solution qu'un pays peut trouver pour garder ses cerveaux est de lui fournir des niveaux de rémunération équivalents à ceux des places traditionnellement les plus lucratives. Ainsi, des ministres des Finances africains peuvent aujourd'hui être aussi bien payés que des banquiers new-yorkais. Mais, ce faisant, les salaires sont complètement déconnectés du salaire moyen des populations ; une telle mobilité migratoire favoriserait donc l'accroissement des inégalités de revenus. Ce principe est loin d'être une problématique Nord/Sud puisque les pays du Nord, entre eux, connaissent exactement la même problématique. Londres, et plus précisément la City, est ainsi connue pour accueillir de très nombreux Français (200 000 personnes environ). La compétition internationale tire donc les salaires des plus hautement qualifiés vers le haut en leur assurant les conditions fiscales et sociales les plus avantageuses et condamne les pays qui ne le feraient pas.

Quel avenir pour l'aide publique au développement ?

La conférence de Bretton Woods de juillet 1944 a créé la Banque mondiale essentiellement dans un but de reconstruction : son nom exact était la « Banque internationale pour la reconstruction et le développement » – indiquant donc que la reconstruction précédait le développement[13].

13. Voir lexique, p. 147.

L'aide au développement était jusqu'au début des années 1990 fondée sur la solidarité, la lutte contre la pauvreté, la géostratégie, – chacun des deux camps de la guerre froide cherchant à s'assurer des clientèles –, et sur l'économie dans la mesure où les questions d'ouverture commerciale, de libéralisation et de gestion de l'endettement mondial ont joué un rôle essentiel. Pensant que la fin de la guerre froide allait sans doute améliorer la situation des pauvres, le montant des aides au développement s'est fortement réduit durant la décennie suivante. Une fois qu'il a été constaté que cette réduction de l'aide n'était pas viable à terme, le contexte international – les différentes crises financières de la seconde moitié des années 1990, les attentats du 11 Septembre qui risquent de provoquer un choc des civilisations, comme l'annonçait Samuel Huntington en 1996, autrement dit une rupture entre le Nord, caractérisé par les pays riches et l'Occident, et le Sud, représenté par les pays pauvres et l'Islam – a nécessité de réorienter à la hausse le montant des aides de la communauté internationale. Les bailleurs, c'est-à-dire les pays riches, ont alors pris des engagements pour augmenter le montant de leurs aides et se fixer des objectifs ambitieux. Le montant total de ces aides est ainsi passé de près de 54 milliards de dollars en 2000 à 104 milliards en 2006.

C'est dans ce contexte que la conférence de Monterrey de 2002 a vu la communauté internationale se fixer comme objectif de réduire sensiblement la pauvreté en adoptant les « objectifs du Millénaire du développement ». Ces huit objectifs simples doivent être atteints d'ici à 2015 et chaque gouvernement est amené à prendre les mesures adéquates pour y parvenir, ce qui sous-entend notamment l'accroissement de l'aide publique au développement.

Les huit objectifs du Millénaire du développement (OMD)

Fixés lors de la conférence de Monterrey en 2002, ils doivent d'ici à 2015 :

1) diviser la pauvreté et la faim par deux ;
2) permettre l'accès à l'école primaire pour tous ;
3) promouvoir l'égalité des sexes dans l'éducation et l'autonomisation des femmes ;
4) réduire de deux tiers la mortalité infantile des moins de 5 ans ;
5) réduire de trois quarts la mortalité maternelle ;
6) renverser la tendance des maladies infectieuses, malaria et sida ;
7) doubler l'accès à l'eau potable et assurer un environnement durable ;
8) développer un partenariat global pour le développement.

Le débat sur le niveau de financement de l'aide publique au développement est traditionnellement sujet à controverse. Il manque de fondements techniques qui rendraient le montant de l'aide au développement plus légitime et plus convaincant. Cette aide est limitée au budget des États contributeurs ; de ce fait, l'objectif est soumis aux contraintes budgétaires et peut être aléatoire. Le niveau de financement des politiques d'aide devrait être déterminé par les besoins de financement des bénéficiaires et non par l'offre financière des États contributeurs.

Par ailleurs, au regard de la mondialisation, faut-il continuer à aider les pays qui ne sont plus réellement pauvres ? Aider la Chine, l'Inde, le Brésil est-il compréhensible pour le contribuable des pays riches alors qu'au même moment des délocalisations peuvent être annoncées ?

L'intuition voudrait naturellement que l'on remette en cause des aides qui pourraient paraître injustifiées puisque les contribuables des pays riches financeraient la perte de leur emploi.

Pourtant, c'est en Chine que le bureau de la Banque mondiale est le plus important. Ayant à sa tête un économiste connu de la communauté des bailleurs, – langage d'initiés pour parler de l'ensemble des pays qui versent des aides financières aux autres pays (on les appelle aussi les donneurs ou les donateurs) –, la Banque mondiale délivre environ un milliard de dollars d'aide à ce pays. D'un autre côté, la Chine affiche plus de 10 % de croissance/an depuis plus de dix ans au point de devenir la deuxième puissance économique mondiale probablement d'ici environ 2010. Pourtant, la Chine a besoin des pays développés et, peut-être plus encore, les pays riches ont besoin de la Chine ! Le parc automobile chinois va continuer de croître à un rythme exponentiel en millions de véhicules ; sa consommation énergétique a, quasiment à elle seule, revitalisé le secteur du charbon et de l'acier – elle est ainsi en train de dépasser celle des États-Unis. Mais le coût environnemental de cette croissance fait bien évidemment peser un risque non seulement sur la Chine, mais aussi sur l'humanité. Les déséquilibres climatiques qui pourraient en résulter ne s'arrêteront pas aux frontières de l'empire du Milieu. Rappelons que sur les 20 villes les plus polluées de la planète, 16 sont chinoises. Les questions de biodiversité relatives à la forêt amazonienne au Brésil, les problèmes d'eau potable en Inde soulèvent les mêmes questions : en matière de biens durables, chacun doit œuvrer au moins autant pour son propre pays que pour l'humanité. Dès lors, on comprend qu'il est dans l'intérêt de tous de veiller à une croissance harmonieuse, c'est-à-dire durable, dans les pays émergents, ces derniers ne voulant pas sacrifier leur développement sur l'autel de la lutte contre le réchauffement climatique. Autre secteur, même logique. En termes de santé publique, les maladies – souvent venues d'Asie, qui se sont développées ces dernières années, telles que le Sras ou la grippe aviaire – nécessitent un traitement collectif et non limité au seul pays d'origine de ces maladies. Or la Chine, de par sa population et l'immensité de son territoire (équivalent à un territoire qui irait, d'ouest en est, de la pointe de la Bretagne à l'Oural russe et, du nord au sud, du cap Nord au Sud marocain), connaît des disparités colossales de développement. Si elle est la troisième puissance économique pour ce qui est de la richesse totale produite, elle demeure parmi les plus pauvres au niveau de la richesse par habitant. La Chine compte encore près de 300 millions de personnes vivant avec moins de un dollar par jour. Enfin, il n'est dans l'intérêt de personne que la croissance de l'économie chinoise s'arrête. Une crise chinoise aurait nécessairement des conséquences mondiales difficilement imaginables.

Concrètement, les Nations unies ont estimé que le montant de l'aide publique au développement devait doubler d'ici à 2015 pour atteindre les objectifs du Millénaire ; elles recommandent, dans ce but, de consacrer 0,7 % du produit national brut de chaque pays à l'aide publique au développement, chiffre qui, en réalité, avait déjà été inscrit comme objectif dans les années 1960.

De grands progrès ont été accomplis depuis 2000 puisque tous les pays, au premier rang desquels le Royaume-Uni et la France, se sont engagés à se rapprocher de ces objectifs.

Montant de l'aide publique au développement (2000-2006)

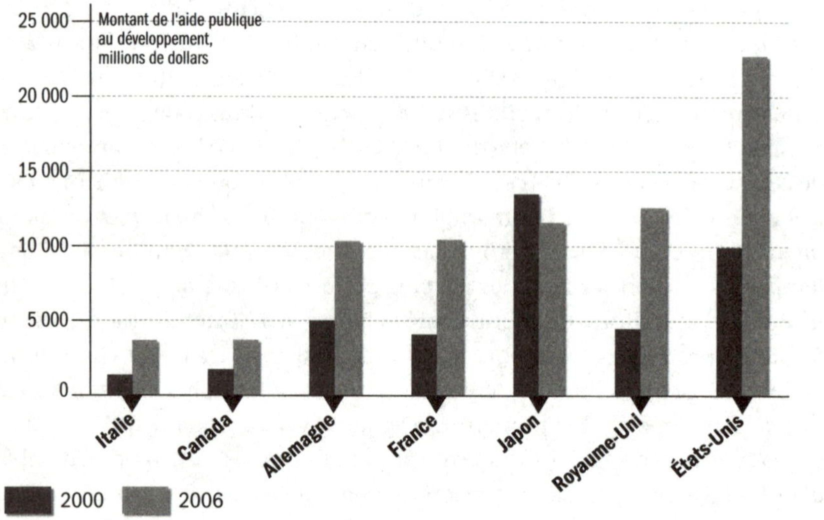

Source : OCDE.

Toutefois, ces objectifs sont très ambitieux et ne font pas consensus au sein de la communauté des bailleurs pour de bonnes et de mauvaises raisons. Les uns estiment que l'aide n'est pas suffisamment efficace et qu'il n'est donc pas nécessairement pertinent de dépenser plus. Les autres peuvent croire que d'autres ressources de financement existent : les virements internationaux (lorsqu'un émigré philippin travaille aux États-Unis et envoie une partie du fruit de son travail chez lui) n'entrent pas aujourd'hui dans le calcul de l'aide publique au développement alors qu'ils représentent plusieurs dizaines de milliards de dollars par an. Les annulations de dette, en revanche, sont intégrées, ce qui suscite en général les critiques des ONG puisqu'une annulation ne procurerait pas d'argent frais supplémentaire au pays concerné.

Par conséquent, dans une période où les contraintes budgétaires des États sont fortes – rappelons qu'il s'agit de l'argent du contribuable de chacun de ces États –, la recherche de sources innovantes de financement est devenue une priorité. Ainsi, la contribution sur les billets d'avion initiée par la France et le Brésil en est un exemple : pour chaque billet d'avion, que ce soit sur un vol intérieur ou international, en classe économique ou en classe affaires, un montant est prélevé sur le billet pour financer l'achat de médicaments. Enfin, le paysage de l'aide lui-même change puisque de nouveaux acteurs sont de plus en plus visibles, telles les fondations philanthropiques comme celle de Bill Gates qui a consacré en 2006 près de 1,5 milliard de dollars à des actions internationales (soit environ l'équivalent de 50 % de l'aide publique au développement de l'Italie) [14]. L'aide au développement est donc aussi à la croisée des chemins : les besoins demeurent, les pays émergents sont concurrents des pays riches, mais leurs défis, environnementaux, sanitaires et sociaux, concernent toute la planète et les pays riches connaissent des contraintes budgétaires fortes.

L'accroissement de ces interdépendances financières, économiques ou commerciales nécessite donc *a priori* une traduction politique pour les gérer, les organiser, voire les réguler. Pourtant, la gouvernance politique reste inachevée.

Une réalité politique inachevée

La vraie « mondialisation politique », dans le sens où existe un gouvernement mondial, semble avoir connu sa forme la plus achevée avec l'Empire

14. Atienza Josie et Renz Loren, *International Grantmaking Update*, New York, Foundations Center, octobre 2006.

romain, cœur du monde, qui s'était organisé en gouvernement politique. Une telle organisation reposant sur une citoyenneté mondiale, si elle constitue un but pour quelques-uns, se heurte aux contraintes de la realpolitik et des intérêts politiques, économiques, culturels divergents des peuples.

La mondialisation politique au sens où nous l'entendons dans le monde contemporain, c'est-à-dire la manière de gérer les affaires du monde, la gouvernance, s'est déroulée en trois temps. La première ébauche remonte à l'aristocratie. Les souverains européens prenaient pour épouses les filles de rois étrangers, facilitant ainsi les alliances diplomatiques. Mais la politique demeurait du seul ressort des États et ces « échanges » restaient cantonnés à l'Europe. Même s'il est difficile de parler de mondialisation au sens où on l'entend aujourd'hui, ce type d'échanges en fut le préambule.

La deuxième forme de mondialisation politique est intervenue par le biais des révolutions ou des mouvements de contestation transnationaux ; la Révolution française en fut la première expression – et c'est la raison pour laquelle les souverains étrangers ont déclaré la guerre à la France : ils voulaient éviter que la fièvre révolutionnaire n'atteigne leur pays – et les révolutions de 1830, de 1848 et surtout l'émergence d'un mouvement ouvrier durant la seconde moitié du XIXe siècle ont fédéré cette expression politique. Toutefois, si Marx invitait les prolétaires de tous les pays à s'unir et Jean Jaurès à faire front social contre la Première Guerre mondiale, on ne peut pas non plus parler d'une mondialisation politique en tant que telle. Ces mouvements étaient essentiellement concentrés en Europe puisqu'elle était l'unique puissance mondiale.

La mondialisation politique moderne est donc intervenue de manière graduelle à la suite du premier conflit mondial par la création de la Société des Nations (SDN), ancêtre des Nations unies, organe multilatéral mort-né, notamment à cause de sa non-ratification par les États-Unis. Il a donc fallu attendre la Seconde Guerre mondiale pour que la mondialisation politique se mette en place. L'Organisation des Nations unies a été créée au niveau politique, les institutions de Bretton Woods aux niveaux économique et financier, et le Gatt au niveau commercial. La guerre froide amoindrira nécessairement sa dimension multilatérale et multipolaire en opposant deux blocs, les États-Unis et l'URSS, qui détermineront l'équilibre et les déséquilibres internationaux, blocs autour desquels vont se situer les pays non alignés. Parmi eux, l'Inde de Gandhi tentera d'exister, mais dans la limite de sa diversité, de ses intérêts parfois très divergents et de ses moyens. Les pays non alignés ne sont alors aucunement des puissances économiques, encore moins des puissances commerciales ou militaires.

Les grandes organisations internationales

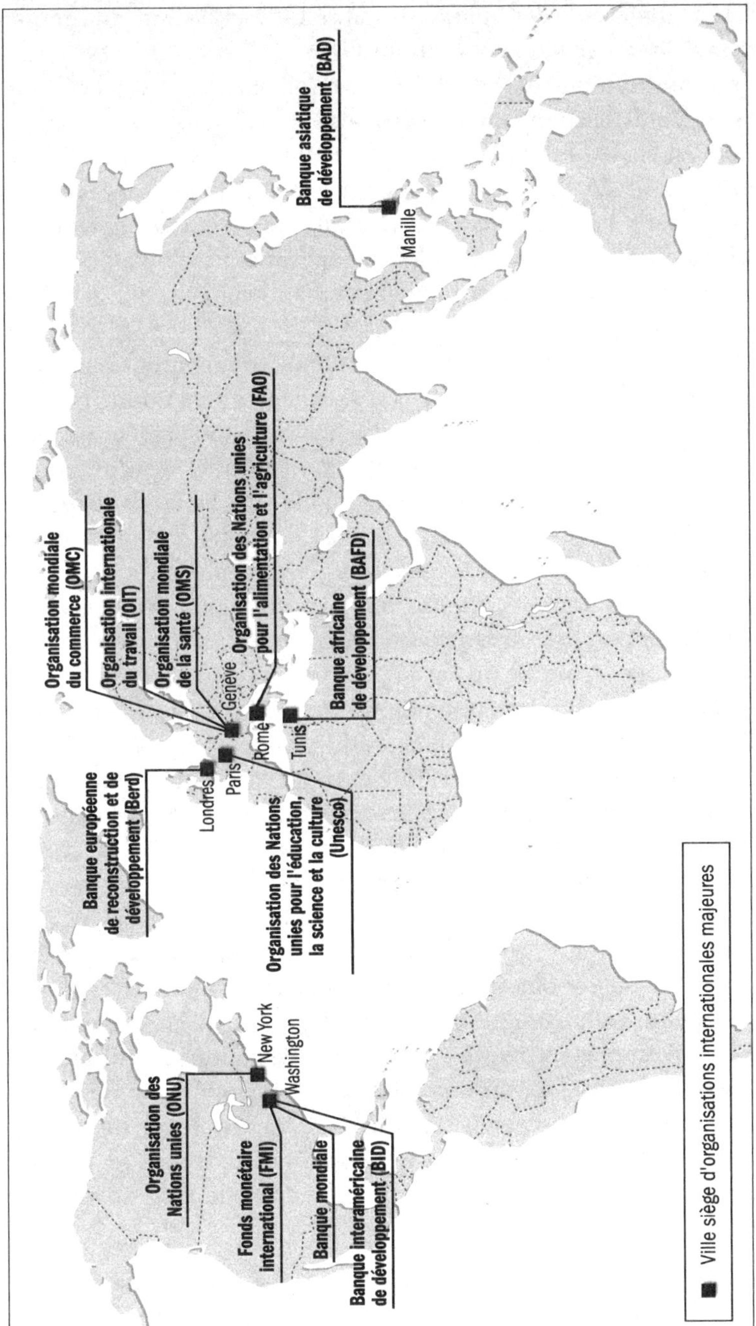

La chute du mur de Berlin le 9 novembre 1989 et la chute du communisme matérialisée par la dissolution de l'URSS le 2 décembre 1991 vont bouleverser l'ordre mondial. Dès lors, les verrous bloquant le développement d'une mondialisation politique ont sauté. Le G7, créé lors du sommet de Rambouillet en 1974, intègre la Russie en 1998 ; ensuite, sur une initiative américaine, le G20[15], c'est-à-dire les vingt premières puissances économiques, sera créé à la suite de la crise asiatique en 1998. C'est le temps de la coordination des politiques. L'Union européenne décide d'aller au-delà avec la création de la monnaie unique, l'euro, conçu en 1992 et mis en circulation en 2001.

Mais le début des années 2000 sonne plutôt comme un réveil. Car si les institutions multilatérales ont plus ou moins bien fonctionné pendant le XXe siècle, il est désormais certain qu'elles ne sont plus adaptées aux défis du XXIe siècle. Illégitimes, non représentatives, inefficaces : les critiques ne manquent pas. En effet, l'accroissement du nombre des États (192 États souverains membres de l'ONU en 2007 contre 51 en 1945) et des acteurs (la montée en puissance des organisations non gouvernementales et des fondations), l'augmentation des menaces transversales des années 2000 d'un triple point de vue politique (attentats du 11 septembre 2001), sanitaire (épidémies de la grippe aviaire et du Sras) et environnemental nécessitent des réponses globales. La simple coordination des politiques et des États n'est donc plus suffisante pour gérer les affaires du monde.

À un niveau plus régional, il est intéressant de noter que l'Union européenne se trouve confrontée à des difficultés similaires. La gouvernance du traité de Rome, qui fut sa force, se trouve aujourd'hui être sa faiblesse. L'Union à 27 États membres ne peut être gérée de la même manière que l'Europe des Six (France, Allemagne, Italie, Belgique, Luxembourg, Pays-Bas) ; la règle de fonctionnement de l'unanimité, reconnaissance de la singularité de chaque État, est devenue une source de blocage et le dénominateur commun a été réduit au plus petit dénominateur commun, apportant la preuve que la coordination des politiques n'est plus suffisante – l'expression de politiques radicalement différentes lors de la crise irakienne en 2002-2003 fut symptomatique. La crise issue des votes négatifs lors des référendums relatifs au Traité constitutionnel européen en 2005 en France puis aux Pays-Bas a révélé cette fracture au grand jour. Dans ces conditions, l'Union européenne doit elle aussi adapter son

15. Le G20 comprend les pays du G8 plus l'Afrique du Sud, l'Arabie Saoudite, l'Argentine, l'Australie, le Brésil, la Chine, la Corée du Sud, l'Inde, l'Indonésie, le Mexique et la Turquie. Y participe également la Commission européenne.

modèle, son mode de fonctionnement. Si le traité simplifié, à condition qu'il soit ratifié dans les 27 États, va dans le sens d'un renforcement de cette coordination, il n'est assurément pas suffisant pour l'avenir. Il permettra à l'Europe de fonctionner à 27, mais pas de relever les défis des prochaines années, c'est-à-dire la manière dont l'Europe peut et doit se préparer à la transformation des puissances émergentes en puissances mondiales. Ce nouvel ordre mondial appelle donc, à l'échelle européenne comme à l'échelle mondiale, la mise en œuvre d'une nouvelle action internationale.

Les faits et les réalités mettent en évidence l'existence d'une mondialisation des défis ? Reste à inventer ou tout du moins à adapter les instruments et les enceintes pour les gérer.

4. LA MONDIALISATION : UNE CHANCE ET UNE MENACE, MAIS SURTOUT L'INCARNATION DU PROGRÈS ET DE L'INNOVATION

« Le progrès est le mode de l'homme. »
Victor Hugo

Chance et menace : ces termes résumeraient assez bien les caractéristiques de la mondialisation, intimement liée à l'idée et à la réalité du progrès que l'homme façonne. Dès le XVIIe siècle, Pascal souligne que l'homme accumule et transmet des connaissances, tandis que l'animal est pour toujours ce qu'il est. L'homme est donc un être en évolution permanente.

Le progrès peut susciter peurs et interrogations : en plein siècle des Lumières, alors que Voltaire voit dans le développement économique et commercial le facteur essentiel de progrès et que d'Alembert et Diderot relient celui-ci à la diffusion des connaissances, Jean-Jacques Rousseau se montre en revanche extrêmement méfiant, le progrès des sociétés pouvant, selon lui, être générateur de vices et d'inégalités. Au XIXe siècle, Auguste Comte, lui, affirmera : « À chaque phase ou mode quelconque de notre existence, individuelle ou collective, on doit toujours appliquer la formule sacrée des positivistes : l'Amour pour principe, l'Ordre pour base et le Progrès pour but. »

En tout état de cause, si l'histoire a été jalonnée par des périodes d'optimisme et de pessimisme, les guerres mondiales du XXe siècle ont définitivement changé la perception du progrès, des sciences et de la technique dans la mesure où l'humanité frôla le chaos. Paul Valéry le résuma ainsi : « Nous autres, civilisations, savons maintenant que nous sommes mortelles. » Outre les inégalités que le progrès pourrait susciter, celui-ci peut s'avérer également mortel pour l'homme. Cette course en avant peut se révéler périlleuse : il est intéressant de noter que la traduction allemande du mot « progrès », *Fortschritt*, signifie littéralement le « pas en avant ». Mais celui qui avance s'éloigne de son point d'origine. Par conséquent, en progressant, l'homme s'éloignerait toujours plus de son centre, donc de sa raison d'être...

Pour autant, le progrès, comme le temps qui passe, ne peut être stoppé. Il est intrinsèquement lié à la nature de l'homme.

De l'outil à la machine

L'outil fut la première manifestation de l'intelligence humaine. L'homme « outillé » va désormais mener son existence en adaptant son environnement au gré de ses créations, de son inventivité et de son savoir-faire. L'outil est un instrument simple, adapté au corps humain, en général aux mains, et que l'homme utilise selon sa force musculaire. Bois, cornes, peaux vont servir à la fabrication d'outils simples. Les techniques s'affineront au cours du temps (par exemple, avec des haches). L'outil constitue la construction primaire du progrès, qui s'appuie sur les découvertes. Ainsi, en domestiquant le feu, environ 400 000 ans av. J.-C., l'homme peut se chauffer, se battre et manger chaud. La maîtrise du feu va bien au-delà de l'amélioration des conditions de vie humaine ; elle entraîne également les germes d'une mutation sociale profonde. Le plat chaud devant être mangé par tout le groupe au même moment, le rythme de vie des hommes en est bouleversé puisque va émerger une organisation sociale, le « vivre ensemble ». Le progrès, les découvertes peuvent donc avoir un impact sur l'organisation même de la vie de l'homme et pas uniquement sur l'amélioration première de son bien-être.

Si l'outil est le premier témoin du développement humain, l'invention de la machine va permettre à l'homme de faire un bond en avant. Une machine se distingue de l'outil par sa construction complexe, elle effectue des séquences d'action, animée par un moteur propre, donc par une autonomie propre. Si l'homme invente la machine, elle lui est substituable dans ses tâches. La création de la machine à vapeur et du moteur à explosion aboutira à ce que les historiens ont qualifié de « révolution industrielle ». À vrai dire, ces inventions entraîneront une véritable révolution humaine.

Toutefois, la révolution industrielle ne fait pas basculer tout d'un coup un monde rural et artisanal vers un monde urbain et industrialisé : le XVIIe siècle en posera les bases, préparant les changements profonds de la fin du XVIIIe siècle en Angleterre et du XIXe siècle dans tous les pays européens.

L'innovation comme source de domination

Le progrès modifie les conditions de vie, il améliore le bien-être de l'homme : il serait donc « bon » pour l'homme. Pourtant, la maîtrise d'un outil ou d'une technique aura un effet pervers en procurant à son détenteur une supériorité qu'il pourra exploiter à des fins de conquêtes et de domination. Daniel Cohen cite un exemple très intéressant [1]. La scène se passe sur le haut plateau péruvien (Cajamarca) en 1532. L'Espagnol Francisco Pizarro, à la tête de 168 hommes, fait face à l'empereur inca Atahualpa et à son armée de 80 000 personnes. Pizarro capture Atahualpa, exige et obtient une rançon, puis le tue. Le combat avec les troupes de l'empereur inca défunt s'engage, l'Espagne gagne. Pourquoi ? Notamment parce que Pizarro et ses hommes disposaient d'épées et d'armures d'acier, de fusils et de chevaux alors que leurs adversaires n'étaient armés que de gourdins de pierre, de massues, de haches et de lance-pierres. Cet exemple montre l'avantage des innovations maîtrisées par le conquérant.

Daniel Cohen précise enfin que le cheval est aux civilisations du passé ce que fut le chemin de fer aux sociétés industrielles et l'avion aux sociétés modernes. Le cheval, après avoir été domestiqué dans les steppes au nord de la mer Noire autour de 4000 av. J.-C., a bouleversé l'art de la guerre avec l'apparition des chars de combat autour de 1800 av. J.-C. [2].

À l'inverse, la maîtrise par les nazis de la fusée V2 aurait pu modifier le cours de l'histoire. Ses trajectoires aléatoires, son coût et la non-maîtrise de l'arme nucléaire empêchèrent le pire. Indépendamment du fait de savoir s'il fut nécessaire de bombarder Hiroshima et Nagasaki pour gagner la guerre, l'utilisation de la bombe atomique précipitera en tout cas la capitulation immédiate du Japon.

D'une manière plus imagée, le film *Les dieux sont tombés sur la tête* [3] (1980) a montré comment la découverte ou plutôt l'arrivée d'une bouteille en verre pouvait bouleverser l'organisation d'un village.

Qu'est-ce que cela démontre ? Que l'avancée technologique, l'innovation, est une force indiscutable pour celui qui la détient. Elle peut être politique et économique.

---

1. Cohen Daniel, *La Mondialisation et ses ennemis*, Paris, Grasset, 2004.
2. En 1647 av. J.-C., les chevaux ont permis à un peuple totalement étranger, les Hyksos, de conquérir l'Égypte qui ne connaissait pas encore cet animal. Pendant cinq siècles, ce peuple a imposé ses dynasties à l'Empire égyptien avant d'être brutalement détrôné. Plus tard encore, les selles et les éperons permirent aux Huns de terroriser l'Empire romain et ses successeurs.
3. Écrit et réalisé par Jamie Uys.

Nombre de chercheurs dans certains États (2005)

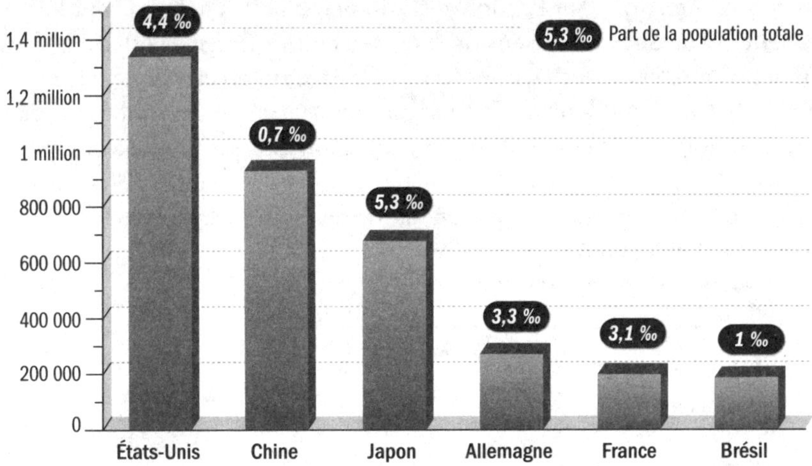

Sources : OCDE. Ined, *Population & Sociétés*, n° 436, juillet-août 2007.

Le progrès comme source de développement

Les progrès et l'innovation vont être décisifs pour le développement des pays occidentaux.

L'invention du télégraphe, du chemin de fer et du téléphone va bouleverser les distances de manière beaucoup plus radicale qu'Internet aujourd'hui. La première liaison transatlantique régulière est inaugurée en 1838. Autre innovation fondamentale, les machines industrielles à réfrigérer permettent d'exporter vers l'Europe, à partir de 1871, de la viande en provenance des États-Unis ou d'Argentine.

Du milieu des années 1950 au début des années 1970, les techniques de communication à distance enregistrent de spectaculaires progrès. Inventé aux États-Unis en 1948, le transistor a bouleversé les règles de l'écoute radiophonique en permettant la construction en série et à très bon marché de récepteurs de petites dimensions, alimentés par des piles et dotés de ce fait d'une totale autonomie.

Plus importantes encore sont les transformations accomplies par la télévision. Si la France comptait 53 000 postes en 1953, son taux d'équipement, à l'instar de tous les pays développés, avoisine aujourd'hui les 100 %. Ne pas détenir de téléviseur est un choix, et non le fait d'une contrainte économique. La télévision entraînera des mutations sociales et politiques majeures. Elle jouera un rôle important dans la propagation des manifestations de 1968. Ses « directs » renforceront le sentiment d'appartenance à une communauté humaine. Ainsi, quand, le 20 juillet 1969, le monde entier assiste au premier pas de Neil Amstrong sur la Lune, il s'agit bien d'un événement simultané à l'échelle planétaire. La dimension temporelle interfère sur l'espace géographique. Temps et espace viennent à former un ensemble. Mais la télévision, comme le feu en son temps, sera susceptible d'entraîner des mutations dans l'organisation sociale et modifiera l'organisation de la vie familiale.

Taux d'équipement des ménages en télévision dans quelques pays du monde (1995-2000)

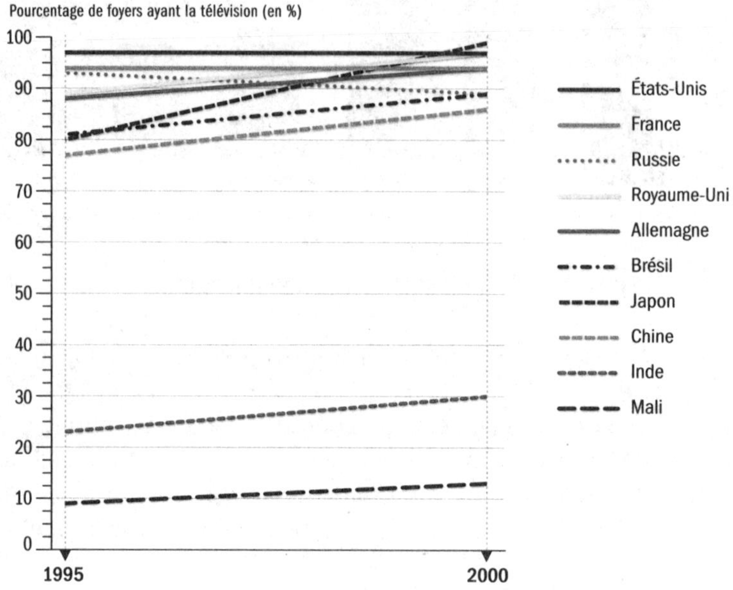

Source : World Development Indicators, 2007.

Plus que les inventions, c'est aujourd'hui le délai entre les idées, les inventions et les applications qui surprend car il est de plus en plus court. Il a fallu des décennies entre l'invention du moteur à vapeur et la mise au point du chemin de fer ou entre l'invention du moteur à combustible et la réalisation d'une automobile. Le délai entre l'invention du téléviseur et de la micropuce, leur application industrielle et les transformations culturelles et sociales qu'ils ont engendrées se mesure en années. L'application de la découverte de la structure de l'ADN à la bio-ingénérie n'aura demandé que dix ans. Le développement du téléphone mobile est spectaculaire. Il aura fallu dix ans entre sa conception et les premières installations, et cinq pour qu'une majorité de pays aient un taux de couverture exceptionnel.

Les grandes inventions

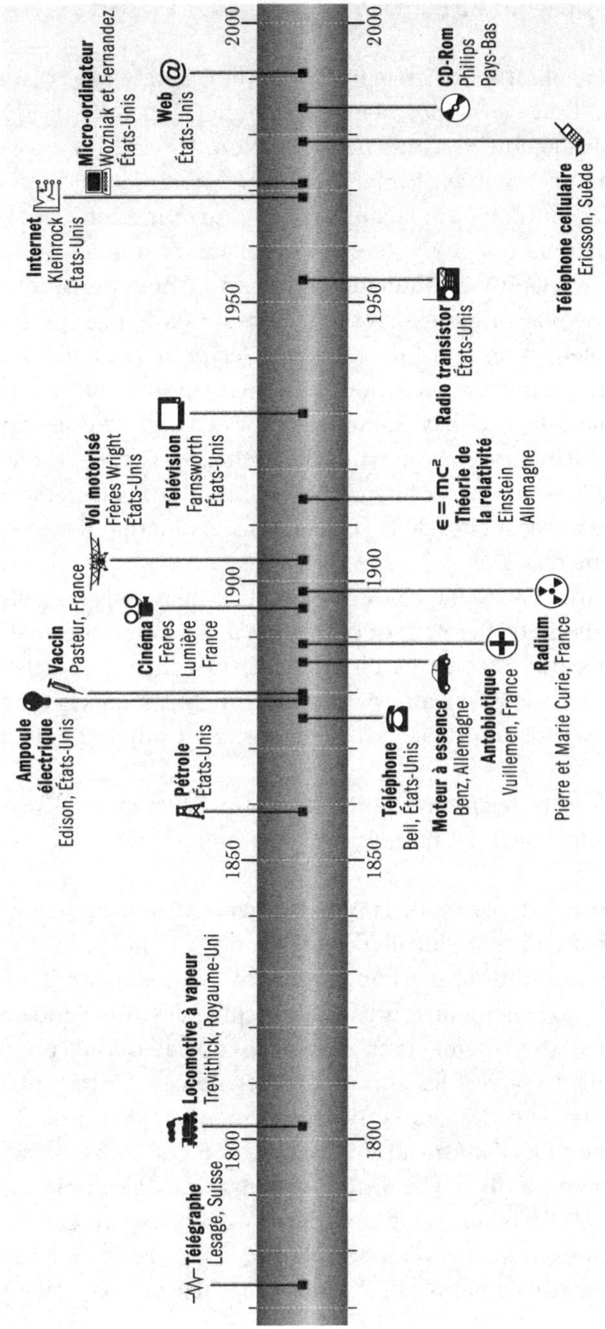

Un iPhone à Bamako ?

Sans la mondialisation, les téléphones portables ne seraient jamais arrivés en Afrique. Leur développement exponentiel a permis de diminuer de manière considérable les coûts de production, les rendant ainsi accessibles au plus grand nombre. Parallèlement, le nombre colossal de clients potentiels a conduit les principaux acteurs à investir sur les cinq continents. Contrairement au téléphone fixe qui nécessite un toit et un branchement électrique, le téléphone cellulaire adopte un rythme nomade. Nul besoin d'habiter une maison pour s'en servir, son autonomie lui permet de fonctionner en dehors de tout branchement électrique permanent. Ainsi, si le téléphone fixe a mis un siècle pour s'imposer comme outil de communication dominant dans les pays riches et n'a pas émergé dans les pays pauvres, le portable, lui, n'aura eu besoin que de dix ans pour gagner toute la planète, des pays riches aux pays pauvres. La téléphonie mobile s'est répandue à travers toutes les couches de la société, sans distinction de sexe, de profession et même d'âge.

La diffusion aussi large de ces produits a été rendue possible grâce aux économies d'échelle permettant des ventes à des coûts raisonnables, si bien que l'organisation du monde en est bouleversée. La mondialisation n'est plus, de ce fait, réservée aux pays riches, ni même aux pays émergents. Tous les pays, y compris les plus pauvres, sont aujourd'hui sur la scène mondiale.

Pourquoi le téléphone portable s'est-il développé de manière aussi exceptionnelle dans le monde, et notamment dans les pays pauvres d'Afrique ?

Tout d'abord, parce que la population en Afrique est jeune : les moins de 20 ans représentent globalement 60 % de la population. La jeunesse a soif de communication, d'échanges et veut avoir sa place dans le monde moderne. Deuxièmement, l'urbanisation joue un rôle fondamental. Les coûts d'installation demeurant élevés, les opérateurs téléphoniques ont essentiellement couvert les zones peuplées dotées d'infrastructures, c'est-à-dire les zones urbaines, dont le développement rapide permet à un nombre sans cesse plus élevé d'Africains d'avoir accès à ces nouvelles technologies. Troisièmement, la libéralisation des secteurs des télécommunications y a, semble-t-il, été favorable dans la mesure où les coûts ont été abaissés et où les installations se sont développées. Enfin, la multiplication du nombre de câbles sous-marins a permis de compléter les liaisons par satellite, permettant d'assurer un maillage inédit.

Les internautes dans le monde (1995-2005)

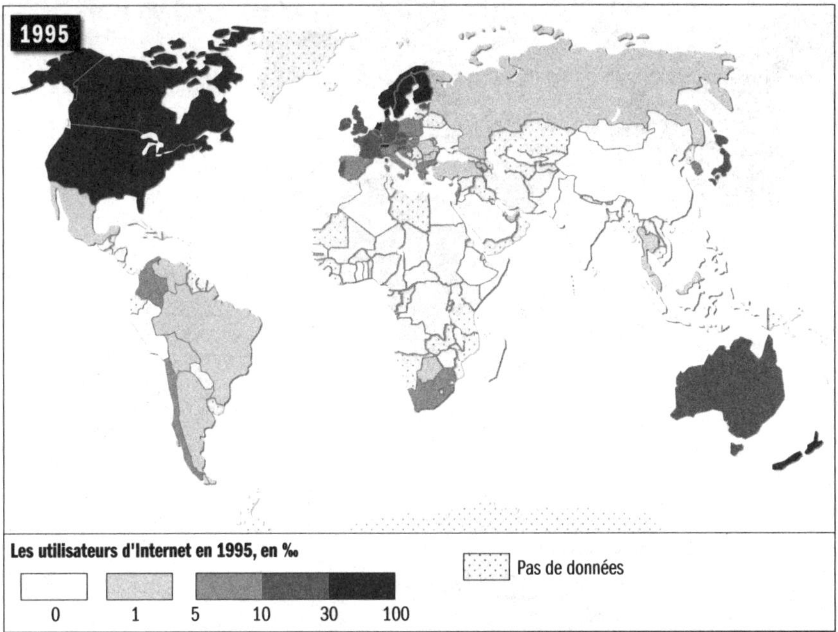

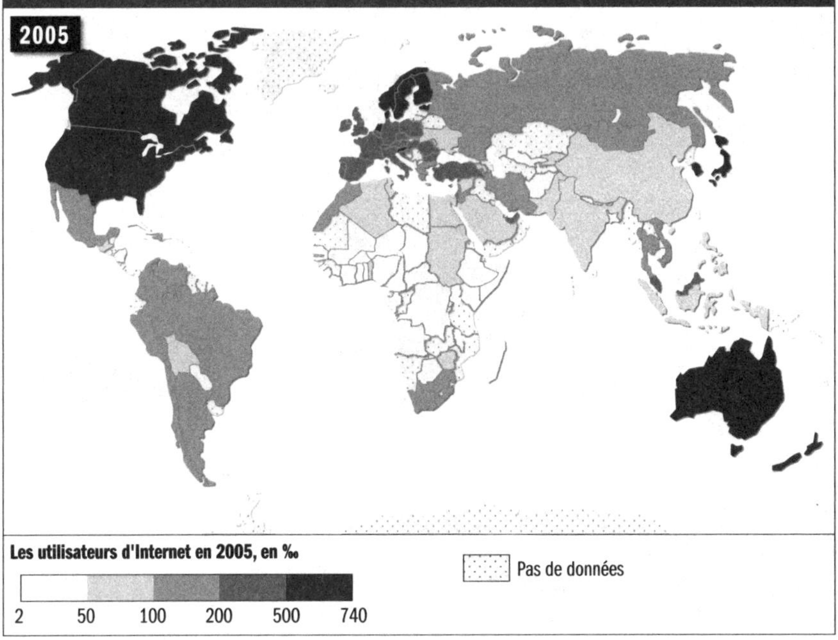

Source : World Development Indicators, 2007.

Les utilisateurs de la téléphonie mobile dans le monde (1995-2005)

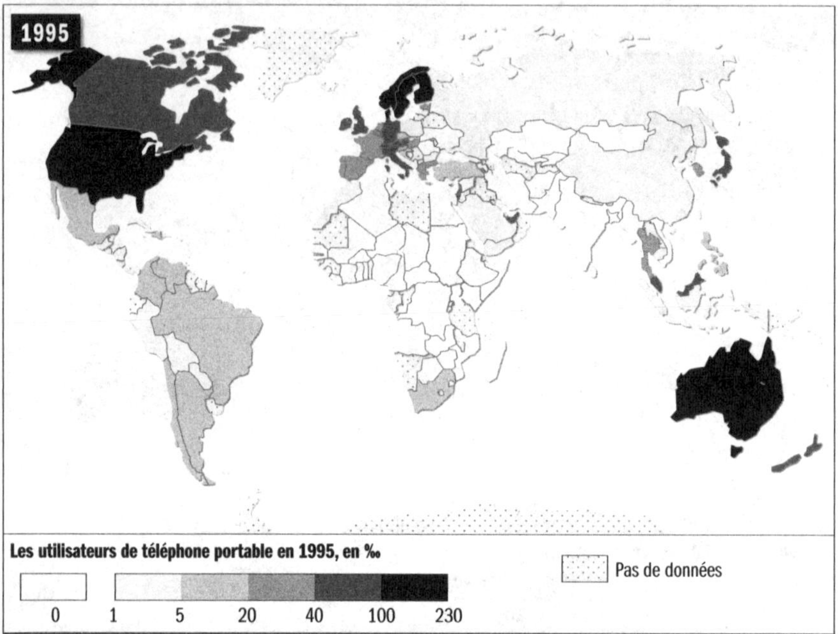

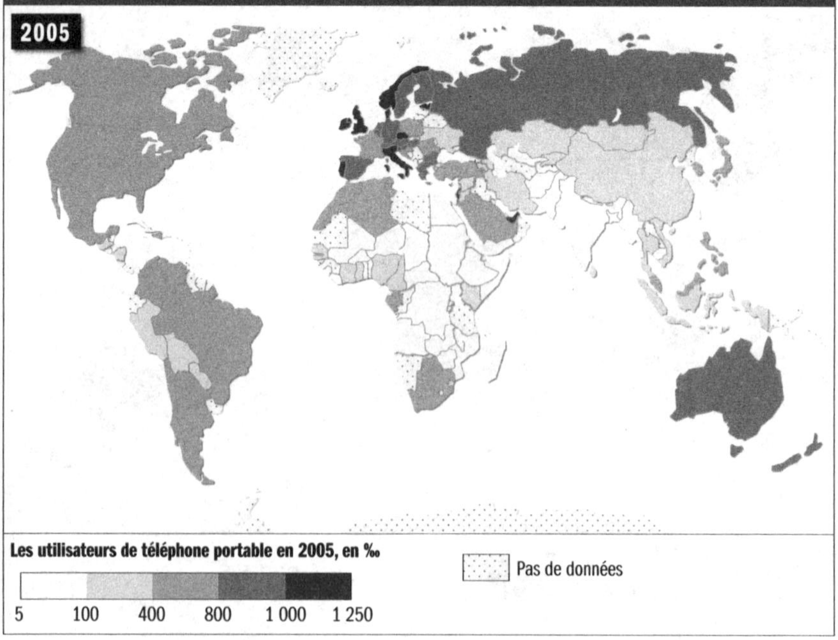

Source : World Development Indicators, 2007.

Une population urbaine croissante en Afrique

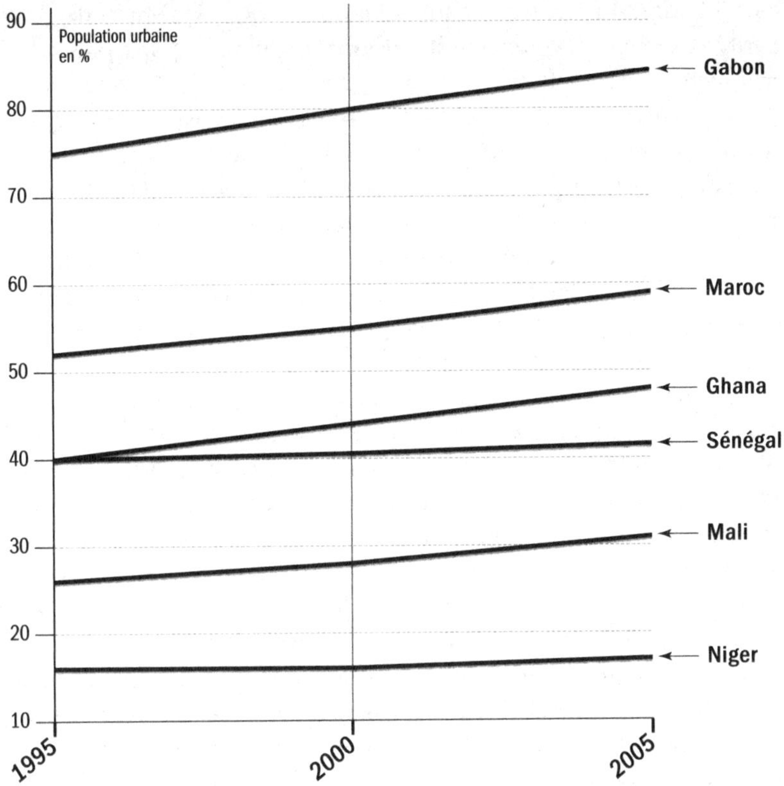

Source : World Development Indicators, 2007.

Dans ces conditions, inexistante à la fin des années 1990, la téléphonie mobile a connu une croissance fulgurante en Afrique (même si de grandes disparités existent entre les pays), laissant augurer cinq ans plus tard un développement prometteur.

La singularité africaine repose sur le recours quasi systématique aux cartes prépayées. Si les Africains n'utilisent pas nécessairement leur téléphone pour appeler, ils en bénéficient pour être appelés. Nul besoin d'abonnement, de contraintes, d'engagements sur la durée : la flexibilité procurée par la carte prépayée fut une aubaine pour le développement du produit.

Cette évolution positive doit être nuancée par les nombreux obstacles qui persistent. La privatisation et la libéralisation du secteur doivent faire l'objet de contrôles et d'une régulation par des organismes adéquats ; le développement du secteur se heurte à la limite du pouvoir d'achat des utilisateurs, ce qui explique notamment l'essor plus limité d'Internet. Enfin, la téléphonie rurale pose le défi le plus important. Les coûts d'installation dans les régions isolées, à très faible densité humaine, sont trop élevés pour permettre une large couverture dans les zones très rurales. La fracture numérique entre zones rurales et zones urbaines est, dans ces conditions, beaucoup plus pertinente que la fracture entre pays riches et pays moins avancés. Cette fracture est donc plus qualitative que quantitative.

Mais les nouvelles technologies peuvent avoir des effets inattendus. Plus qu'un simple instrument de communication, elles peuvent également être un véritable facteur de développement. Ainsi, si les populations rurales sont en général condamnées à une sous-médicalisation, l'arrivée d'Internet a pu révolutionner l'accès aux soins. Les actions de l'association Éducation Santé présidée par la femme du président de la République du Sénégal, Mme Viviane Wade, en témoignent.

La télémédecine : une expérience à 740 km de Dakar

L'association de Mme Wade, avec l'appui de plusieurs autres associations, du Centre national d'études spatiales (Cnes) et des spécialistes du ministère de la Santé sénégalais, a mené une expérience prometteuse dans une petite ville située à l'est du Sénégal, dans la région de Tambacounda. Une jeune femme a été examinée par les médecins avec un matériel médical réduit : un échographe, un ordinateur et un téléphone satellitaire. Intervenant en plein pays bédick, ils ont envoyé les images à 740 km de là, à l'hôpital de Dakar, qui a décelé un kyste. Les résultats du diagnostic leur ont été renvoyés pour que la patiente puisse être évacuée vers un autre centre de traitement capable de la soigner. Il est possible d'imaginer que le développement des appareils photo et l'accès à Internet sur les téléphones portables permettront des avancées de ce type, y compris dans des zones où l'accès aux soins restera rudimentaire.

Le cloisonnement du monde est révolu ; son décloisonnement constitue même une exigence, y compris de la part des plus pauvres. Ainsi, les paraboles de télévision sont beaucoup plus nombreuses dans les bidonvilles de Nairobi au Kenya que dans de riches immeubles. La soif de communication est donc sans limites et concerne les populations du monde entier.

Une menace pour la démocratie ?

La vérité change donc de visage : le virtuel peut l'emporter sur le réel. Les expérimentations ne sont plus faites « en vrai » mais sont simulées, au risque de ne plus jamais rencontrer l'imprévu. Surtout se fait jour un risque majeur de confusion entre l'information et le savoir. Si le monde moderne, à travers les ordinateurs, permet une large diffusion de l'information, c'est-à-dire d'éléments de la connaissance susceptibles d'être présentés simplement, cette information peut se faire au détriment de la connaissance, celle-ci étant la représentation exacte d'un objet dont le sens est accessible à l'homme mais non à la machine. L'informatique peut donc constituer un fossé entre ceux qui savent et ceux qui sont seulement informés.

Pis, les nouvelles technologies risquent, dans un avenir proche, de constituer un défi à la démocratie. Lorsque les informations se succèdent, l'immédiat devient instantanément le passé. Les contre-vérités peuvent donc avoir le même statut que les vérités. Un vrai risque pour la démocratie peut exister au moins du point de vue du contrôle du contenu de l'information. L'accumulation d'informations rend toute analyse, tout recul, toute objection très difficile. Les dirigeants politiques modernes l'ont bien compris. Dès lors, la manipulation et l'erreur sont très faciles et surtout peuvent être reproduites sans nécessairement tirer les leçons du passé. L'information, sous une apparence de réalité et de vérité – ce qui constitue sa légitimité –, peut être pervertie par une instrumentalisation qui est aujourd'hui facile et dont l'impact pourrait être gigantesque.

Internet et les nouvelles techniques d'information peuvent constituer une menace. La première qui vient à l'esprit est bien évidemment la manipulation. Et de la fiction à la réalité, il n'y a qu'un petit pas à franchir.

De *Wargames*[4] à *Minority Report*[5] en passant par *Die Hard IV*[6], la dépendance technologique illustrée dans ces films est toujours plus élevée. Les simples coupures électriques sont là pour nous le rappeler. Plus de lumière, plus de chaleur, plus d'aliments conservés, plus de communication... L'intrusion et les manipulations financières, le piratage informatique constituent les risques d'aujourd'hui et les dangers de demain. Par conséquent, les organes de régulation et de supervision semblent indispensables pour éviter les dérives et préserver le respect des libertés individuelles et publiques.

Le péril environnemental

Le progrès, dans le sens du développement humain, les usines, les voitures n'ont pas eu un impact seulement social ou économique. L'humanité a récemment pris conscience que ce progrès pouvait avoir un impact sur l'environnement et, au-delà, sur les conditions de vie humaine sur terre. Les dirigeants politiques ont véritablement commencé à s'en préoccuper au début des années 1990 lors du sommet de la Terre à Rio de Janeiro (1992).

Des études, des chiffres, des faits, des films tels que celui de l'ancien vice-président américain et Prix Nobel Al Gore, *Une vérité qui dérange*[7], témoignent de la nécessité absolue pour l'humanité de repenser sa croissance et plus globalement son mode de fonctionnement si elle ne veut pas courir à la catastrophe.

La mondialisation a favorisé la croissance des pays émergents et des pays en développement, engendrant ainsi une hausse substantielle et parfois exponentielle de leur consommation énergétique.

Comme le note Jean-Luc Wingert[8], la demande de matières premières a explosé, les industries et la circulation automobile ont intensifié le rejet des gaz à effet de serre, donc de dioxyde de carbone (CO_2), cause première du réchauffement climatique. Mondialisation et protection de l'environnement doivent donc être liées.

---

4. Badham John, *Wargames*, 1983.
5. Spielberg Steven, *Minority Report*, 2002.
6. Wiseman Len, *Die Hard IV*, 2007.
7. Gore Al et Guggenheim David, *Une vérité qui dérange*, 2006.
8. Wingert Jean-Luc, *La Vie après le pétrole*, Paris, Autrement, 2005.

Une hausse sans précédent du niveau de CO_2

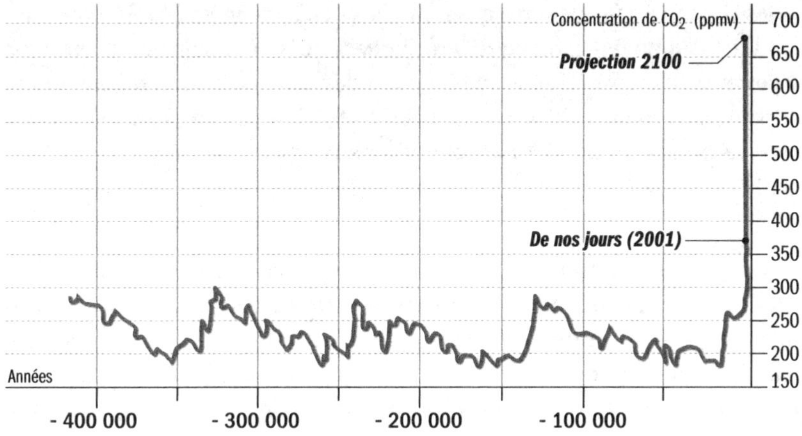

Source : *Atlas du réchauffement climatique*, Éditions Autrement, Paris, 2006.

Le protocole de Kyoto

Le protocole de Kyoto[9] a été ouvert à ratification le 16 mars 1998 et il est entré en vigueur en février 2005. Il a été ratifié à ce jour par 172 pays, à l'exception notable des États-Unis qui ont refusé en 2001 de le ratifier alors qu'ils sont responsables à eux seuls de 30 à 35 % des émissions mondiales de gaz à effet de serre.

Il existe différents types de gaz à effet de serre :

– le gaz carbonique ou dioxyde de carbone (CO_2), qui provient essentiellement de la combustion des énergies fossiles et de la déforestation ;

– le méthane (CH_4), qui a pour origine principale l'élevage des ruminants, la culture du riz, les décharges d'ordures ménagères, les exploitations pétrolières et gazières ;

– les halocarbures (HFC et PFC), gaz réfrigérants utilisés dans les systèmes de climatisation et la production de froid, et les gaz propulseurs des aérosols ;

– le protoxyde d'azote ou oxyde nitreux (N_2O), qui provient de l'utilisation des engrais azotés et de certains procédés chimiques ;

– l'hexafluorure de soufre (SF_6), utilisé par exemple dans les transformateurs électriques.

9. http://unfccc.int/resource/docs/convkp/kpfrench.pdf

Le protocole de Kyoto propose un calendrier de réduction des émissions des six gaz à effet de serre qui sont considérés comme la cause principale du réchauffement climatique des cinquante dernières années. Il comporte des engagements absolus de réduction des émissions pour 38 pays industrialisés, avec une réduction globale de 5,2 % des émissions de dioxyde de carbone d'ici à 2012 par rapport aux émissions de 1990.

Une prise de conscience tardive semble se produire. En effet, la solution réside aujourd'hui dans la diminution de la consommation énergétique et dans l'abaissement des émissions de gaz à effet de serre. C'est tout l'enjeu du protocole de Kyoto et de la conférence de Bali sur le réchauffement climatique de décembre 2007. Si la conférence de Bali, dans son communiqué final, reconnaît que « des réductions sévères des émissions mondiales sont nécessaires », elle n'a pu établir ni objectifs chiffrés ni calendrier, conséquence du refus de l'administration Bush. Or les émissions mondiales ont augmenté de 25 % entre 1990 et 2007, passant de 40 à 50 milliards de tonnes.

Les experts du PNUD estiment que les pays développés doivent impérativement réduire leurs émissions de gaz à effet de serre d'au moins 80 % d'ici à 2050 et de 30 % d'ici à 2020 par rapport à leurs niveaux de 1990, contre 20 % de réduction à l'horizon de 2050 pour les pays en développement. Et l'auteur de ce rapport de conclure que, « sur la base des tendances actuelles, les émissions de CO_2 devraient augmenter de 50 % d'ici à 2030, ce qui rendrait un changement climatique inévitable et dangereux[10] ».

Mais si cette diminution n'est pas suffisamment significative – ce que semble à présent reconnaître la majorité des climatologues –, si cette catastrophe intervient et si aucune énergie alternative crédible et suffisante n'est trouvée, il semble clair que la seule solution passera par une limitation imposée de la consommation énergétique et pétrolière, ce qui engendrera *de facto* une baisse de la production et donc de la croissance. Ce risque de décroissance est réel et démontre que la maîtrise des sources de pollution, au-delà de son impératif environnemental, est tout autant un défi économique majeur. La maîtrise de la consommation énergétique et la recherche d'énergies renouvelables sont deux piliers essentiels pour prévenir ce risque.

10. Watkins Kevin, *Rapport annuel du PNUD*, 27 novembre 2007.

Secteurs d'activité des 25 premières entreprises mondiales

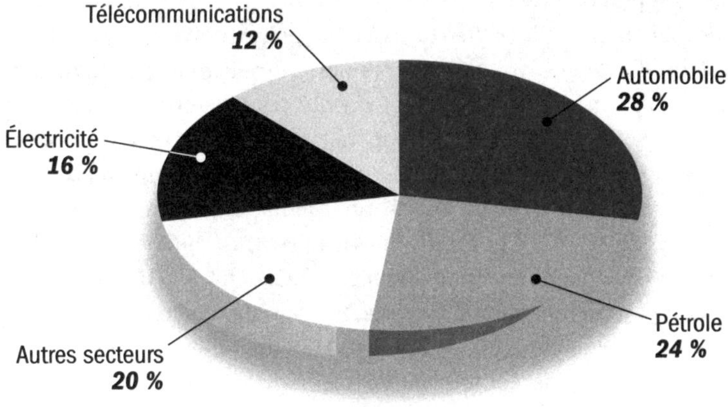

Source : PNUD, 2005.

Certains altermondialistes sont même partisans de la décroissance volontaire afin de protéger les ressources naturelles de la planète et de limiter le réchauffement climatique. Selon certains économistes, la croissance économique serait nocive pour l'environnement dans les premiers stades du développement, mais, à partir d'un certain seuil de revenu par habitant (déjà atteint par les pays développés), elle deviendrait de plus en plus profitable (courbe de Kuznets[11]). Cette idée repose sur le principe que l'environnement est un bien dit « supérieur », davantage susceptible d'intéresser les riches que les pauvres, qui pensent avant tout à se développer. L'élévation du PIB permet par ailleurs de disposer de ressources accrues rendant possibles des politiques environnementales.

S'il est peu contestable que l'activité humaine concoure au réchauffement climatique, deux leviers existent pour limiter drastiquement l'émission de CO_2 dans l'atmosphère dans les prochaines années : le premier consiste évidemment à limiter la consommation énergétique, c'est-à-dire à lutter contre le gaspillage (cela va de couper le moteur d'une voiture en stationnement à une meilleure isolation thermique des habitations) ; le second à bénéficier du progrès technique pour recourir à des énergies renouvelables et réduire les sources potentielles de pollution.

11. La courbe de Kuznets décrit la relation entre le niveau de développement d'un pays (mesuré en PIB/hab.) et son niveau d'inégalité. Elle s'inspire des travaux de Simon Kuznets sur le développement économique réalisés dans les années 1950. Selon cette courbe, les inégalités se réduiraient automatiquement avec le développement économique d'un pays.

L'automobile propre en 2025 ?

L'ancien directeur de la recherche chez Renault a publié fin 2007[12] un ouvrage où il liste les évolutions attendues en matière automobile dans les dix à vingt prochaines années et précise les différentes orientations des constructeurs automobiles. Il apparaît que celui dont les avancées technologiques seront techniquement possibles et commercialement viables détiendra sans aucun doute un avantage déterminant sur ses concurrents. Ainsi, BMW et Ford ont pris le parti de brûler l'hydrogène dans un moteur à combustion ; Mercedes, General Motors, VW, Fiat, Nissan et PSA préfèrent stocker l'hydrogène pur afin d'alimenter une pile à combustible ; Renault et Toyota, enfin, misent sur le réformeur, c'est-à-dire sur la faculté de combiner moindre consommation pétrolière et fabrication d'hydrogène.

L'automobile risque donc de connaître des mutations spectaculaires dans les années à venir. Le réformeur, *via* la pile à hydrogène, permettrait de réduire considérablement la taille des moteurs. L'hydrogène fournissant par ailleurs une source abondante d'électricité à bord, toute la physionomie des véhicules (absence du moteur prenant nécessairement de la place à l'avant) pourrait être revue et, avec elle, les fonctionnalités à bord.

L'énergie nucléaire, elle, présente un paradoxe. D'une part, le nucléaire est aujourd'hui classé dans la catégorie des « énergies propres » dans la mesure où c'est de la vapeur d'eau, peu nocive en termes de dioxyde de carbone (CO_2), qui sort des centrales. Sans même se référer à la catastrophe de Tchernobyl de 1986, il est d'autre part intéressant de noter, non sans ironie, que la source d'énergie la plus potentiellement dangereuse pour la planète est aujourd'hui utilisée par beaucoup de pays pour la protéger ! L'avenir nous dira si ce choix fut le bon.

Le progrès technique est donc susceptible de modifier en profondeur l'évolution du monde, mais il repose sur de multiples inconnues. Il ne s'agit donc pas d'opposer progrès technique et protection de l'humanité, mais bien de combiner les deux.

12. Beuzit Pierre, *Hydrogène. L'avenir de la voiture*, Paris, L'Archipel, 2007.

Vers un monde meilleur ?

Le changement climatique remet en cause le principe des Lumières selon lequel le progrès humain rendra l'avenir toujours meilleur que le passé.

Le progrès trouve sa légitimité politique essentielle dans l'amélioration des conditions de vie de l'homme. Ainsi, au XIXe siècle, il était sans doute aisé d'imaginer un monde meilleur : les conditions de vie des ouvriers étaient dans de nombreux cas inhumaines et la médecine demeurait assez rudimentaire – il a fallu attendre la fin du siècle pour qu'un génie, Pasteur, découvre le vaccin contre la rage ; les communications étaient très longues et encore peu sûres.

Le XXe siècle a réalisé d'innombrables progrès : les conditions de travail se sont nettement améliorées, même si de grandes disparités mondiales demeurent ; la médecine, avec le développement du matériel médical (par exemple, le rayon X inventé par Röntgen au début du XXe siècle), a accompli des avancées considérables ; les moyens de communication sont à présent faciles, sûrs et accessibles ; la voiture, le train, l'avion permettent de se rendre partout rapidement ; les nouvelles technologies rendent le lointain proche : téléphone, Internet et caméras intégrées dans les ordinateurs donnent à tous la possibilité d'être joints immédiatement et partout.

Pour conclure, si l'« horizontal », c'est-à-dire l'ensemble des pays et des choses sur terre, semble avoir été « domestiqué », le « vertical » reste plus énigmatique. En effet, seuls deux univers sont encore peu exploités et relativement inconnus : l'espace et les fonds marins. Si l'homme a pu marcher sur la Lune ou se rendre sur Mars, ses avancées demeurent modestes ; des secteurs entiers, considérables, restent à explorer. Mais alors que les progrès ont jusqu'ici abouti à améliorer la condition de l'homme et la vie sur terre, ces nouvelles découvertes amènent l'homme à se projeter au-delà de sa propre existence.

En définitive, peut-être peut-on estimer, comme l'écrivain et homme de science Joël de Rosnay, que, « si les gens aiment leur avenir, ils pourront le construire[13] » ?

13. Rosnay Joël de, *2020. Les scénarios du futur*, Paris, Des idées et des hommes, 2007.

5. LA MONDIALISATION DES IDÉES AVANT CELLE DES BIENS

« Si on veut exercer une influence politique, il ne faut pas faire de politique, il faut travailler à changer les idées. »
Anthony Fischer

La « mesure de la mondialisation » pose problème parce que la mondialisation ne peut pas se mesurer uniquement par des chiffres ou des indicateurs, en un mot par des éléments quantitatifs. Par ailleurs, comme ont cherché à le démontrer les travaux du Groupement pour l'étude de la mondialisation et du développement[1], les indicateurs classiques de la mondialisation ne sont pas totalement satisfaisants dans la mesure où ils sont définis à l'échelon d'un État. Les flux financiers ou commerciaux sont appréciés entre un État et un autre État ; or les structures économiques ne sont pas nécessairement nationales. Comme nous l'avons vu plus haut, la nationalité d'une entreprise ou d'un produit peut faire débat. La mondialisation amène donc une transformation intrinsèque des espaces nationaux. Le territoire n'est plus l'unique déterminant.

Dans ces conditions, c'est l'influence de celui qui avancera des idées et saura convaincre qui s'exercera. Par ailleurs, la mondialisation favorise les comparaisons, les classements, qui peuvent faire l'objet d'une grande publicité et ont un impact sur les individus comme sur les entreprises ou sur les États. Or les critères d'élaboration de ces classements jouent un rôle fondamental et sont le fruit des « acteurs » d'idées.

1. Bellier Irène (dir.), *La Mesure de la mondialisation*, Cahier du Gemdev, n° 31, mars 2007.

Les idées exercent une influence politique majeure

Les idées n'ont pas attendu, pour circuler et se diffuser, l'arrivée des moyens modernes de télécommunication ! Comme nous l'avons vu, une réaction monarchique a fait suite à la Révolution française, de nombreux pays d'Europe ayant eu peur de la contagion des idées révolutionnaires. De la même manière, les révolutions de 1830 ou de 1848 ont également gagné d'autres pays. Les penseurs et les intellectuels, les organes d'information de l'époque ont accompagné ces mouvements qui ont été plus ou moins suivis par les masses.

En avril 1961, lors du putsch d'Alger, le rôle de la télévision paraît avoir été déterminant pour inciter les soldats du contingent à la résistance passive face aux initiatives des généraux rebelles. De la même façon, les reportages du reporter vedette de la chaîne de télévision américaine CBS Dan Rather montrant les horreurs de la guerre du Vietnam ont incontestablement pesé sur le moral de l'opinion publique américaine. Les exemples pourraient se répéter. Inversement, les événements de la place Tian'an-men en 1989, s'ils ont eu un grand retentissement à l'étranger, n'ont pas provoqué de changements politiques en Chine. Plus récemment, les informations disponibles sur les sanctions qui ont frappé les manifestations des moines birmans en 2007 n'ont néanmoins pas permis à ce pays de sortir de son isolement. Toutefois, on peut estimer qu'il s'agit d'une question de temps. Les idées ont vocation à se diffuser à leur rythme de manière universelle.

Selon un *golden boy* de la finance sûr de son jugement, il est moins risqué de se tromper collectivement que de prendre le risque d'avoir raison seul. Si cette affirmation peut être discutable économiquement, elle l'est peu au niveau de l'influence des idées : avoir raison seul est inutile. En diffusant ses idées, un individu peut organiser une stratégie d'influence et amener les autres à partager ses inquiétudes ou convictions. C'est ce que les Anglo-Saxons appellent le *soft power*[2], c'est-à-dire la diplomatie douce. Or cette diplomatie douce est devenue essentielle dans le cadre de la mondialisation. Pourquoi ?

L'État n'est plus le seul cadre d'analyse, d'impulsion et de décision. Il ne l'a d'ailleurs jamais été pour certains pays, au premier rang desquels les États-Unis. Par conséquent, la société civile, c'est-à-dire les associations de consommateurs, de fabricants, les fondations, les ONG, les instituts de recherche, en un mot les acteurs d'idées, joue de plus en plus, à côté des

---

2. Concept développé en 2000 par Joseph Nye.

États, un rôle d'expertise et de promotion de ses idées. Elle peut donc exercer une influence sur les prises de décisions publiques, voire dans certains cas y être associée.

Dans les pays où la société civile est puissante, les fondations et les instituts de réflexion sont nombreux, riches et puissants. C'est le cas par exemple aux États-Unis, au Royaume-Uni ou en Allemagne.

Les acteurs d'idées

Plus de 45 000 *think tanks*[3] sont recensés dans le monde en 2005 et leur nombre continue de croître. Sept cents d'entre eux environ sont basés en Europe. Historiquement d'esprit anglo-saxon, ils sont fondés, entre autres, sur le principe de la mobilité des élites, appelée le *revolving door.*

Sur la scène intellectuelle et politique mondiale, deux modèles coexistent : un modèle continental inspiré des fondations politiques allemandes, où la fondation est affiliée à un parti politique tout en étant indépendante, et un modèle anglo-saxon, celui des *think tanks*, c'est-à-dire des « réservoirs d'idées », qui, s'ils peuvent avoir des affinités politiques, parlent au nom d'un courant de pensée (libéral, conservateur, social-démocrate, atlantiste, européen). Ils peuvent aussi adopter une approche thématique (aide au développement, défense, économie, etc.). À côté de ces deux modèles existent des instituts de recherche, à vocation plus académique, mais dont les travaux et les orientations peuvent également être ceux d'un acteur d'idées. Ces acteurs d'idées se distinguent donc de leurs faux jumeaux, les lobbys, dont l'objet se définit essentiellement par la représentation et la promotion des intérêts d'une entreprise ou d'un secteur.

Pour comprendre le rôle de plus en plus important de ces acteurs d'idées sur la scène européenne et internationale, il est nécessaire de mettre en lumière le lien entre l'évolution de la construction européenne et l'émergence d'un monde de plus en plus globalisé. En effet, l'élargissement de l'Union européenne a renforcé le poids de ces acteurs : d'une part, parce que des États aux structures administratives moins bien dotées ont eu besoin d'appuis extérieurs – lorsqu'un « petit » pays doit par exemple assumer la responsabilité d'une présidence au nom de l'Union, ses structures administratives et institutionnelles ainsi que ses ressources ne lui permettent pas nécessairement de

3. Boucher Stephen et Royo Martine, *Les Think tanks*, Paris, Le Félin, 2006.

maîtriser seul ce lourd processus ; d'autre part, parce que les centres d'influence et de décision de l'Union européenne se sont fragmentés ces dernières années (le rôle du Parlement européen s'est renforcé). Sur la scène internationale, ces acteurs ont toujours été présents et puissants dans les pays anglo-saxons. Les organisations internationales ont recours de manière naturelle et fréquente à leurs travaux et la mondialisation ne fait que renforcer cette tendance. Dans ces conditions, épaulés en général par de solides ressources humaines et budgétaires, les *think tanks*, les fondations et les instituts exercent aujourd'hui une influence significative sur l'élaboration des normes, des règles, des classements internationaux et, plus globalement, sur les débats politiques, économiques ou stratégiques.

À titre d'exemple, les fondations allemandes comme les fondations Friedrich Ebert ou Konrad Adenauer disposent chacune d'un budget d'environ 110 millions d'euros, comptent près de 600 collaborateurs et sont présentes dans plus de 60 pays dans le monde ; The Brooking Institution, *think tank* généraliste basé à Washington, dispose d'un budget annuel d'environ 48 millions de dollars et compte plus de 130 chercheurs permanents.

À l'inverse, dans les pays où le rôle de l'État est traditionnellement fort, le poids de ces acteurs d'idées est en général plus éclaté et plus faible. C'est le cas de la France ou de l'Italie, par exemple. Or qui détermine les idées mieux que ces intellectuels ?

Illustration de cette forme de mondialisation, ce n'est pas un hasard si les villes qui abritent de grandes institutions ou organisations internationales voient foisonner ces cénacles : Bruxelles, Genève et bien sûr Washington et New York. Et croire que cela n'est réservé qu'à la « politique » éloignée des citoyens est faux. Ces acteurs d'idées jouent un rôle à un niveau macropolitique ; ils exercent leur influence avant la cristallisation des prises de décision. Autrement dit, ils orientent l'élaboration du contenu d'un article, d'une loi, d'un règlement, d'une directive avant que ceux-ci ne fassent l'objet d'une négociation officielle. Nul besoin d'être devin pour comprendre que celui qui a influencé le contenu en amont détient un avantage évident sur celui qui ne le découvre qu'en session officielle. L'un est en position offensive, l'autre en position défensive. Cette influence se détermine aussi au niveau micropolitique dans le sens où les décisions concernent directement les citoyens ou les entreprises. En effet, les négociations relatives aux normes comptables (appelées IFRS dans le jargon technique) et à la réglementation des marchés financiers, des banques, des compagnies d'assurances entrent directement dans ce champ-là. Les grandes entreprises commencent à l'avoir compris ; pour anticiper les évolutions, les standards et les normes auxquels elles vont devoir se conformer, il est essentiel pour elles d'essayer d'en influencer le contenu. Là encore, il vaut mieux être dans la position de celui qui détermine et influence que dans la position de celui qui subit. Anthony Fischer, fondateur en Grande-Bretagne, dès 1955, d'un institut de réflexion économique, l'Institute of Economic Affairs, avait vu juste : c'est l'idée qui détermine la politique et non l'inverse.

Dans ce contexte, les classements et l'élaboration des règles et des normes vont avoir une importance croissante, tant objective que subjective.

Le rôle des classements, de la règle et des normes

Dans un monde globalisé, il est nécessaire d'élaborer des normes et des règles pour pouvoir vivre ensemble. De nombreux classements sont effectués pour estimer la performance des pays, des groupes de personnes, des entreprises. Si ces classements peuvent comporter quelques limites intrinsèques liées à la mesure de la mondialisation, ils demeurent très répandus et attirent l'attention tant des classes politiques et économiques que de l'opinion publique. Ce qui importe donc est la manière dont sont élaborés et constitués ces classements, par qui, selon quelle méthode et avec quelle finalité.

Prenons un exemple très symbolique, celui de l'enseignement supérieur. Nul ne peut contester le rôle fondamental du savoir, donc de l'enseignement et de la formation. Un classement élaboré en 2003 et actualisé, depuis, chaque année a fait beaucoup parler de lui : le classement de l'université Jiao Tong de Shanghai qui a listé les 500 premières universités mondiales.

De prime abord, ce classement, repris ci-dessous, permet de dégager quelques enseignements simples qui seront véhiculés par la presse en direction des opinions publiques et politiques. Premièrement, mieux vaut effectuer ses études aux États-Unis et de préférence à Harvard, à Stanford ou au Massachusetts Institute of Technology. Deuxièmement, l'hyperprésence anglo-saxonne est incontestable : sur les 50 premières universités, 38 sont américaines et 5 britanniques ! De fait, le poids des autres est pour ainsi dire inexistant. Enfin, une disparité forte existe entre la première, Harvard, qui a obtenu 100 points dans le classement 2007 et la 50e qui n'a que 31 points ; soit un rapport de un à trois. Par conséquent, les 15 premières, avec 50 points et plus, se distinguent du reste. Et ces 15 premières sont à 100 % anglo-saxonnes...

Les 50 premières universités mondiales (classement 2007)

Rang	Université	Pays	Notation
1	Université Harvard	États-Unis	100
2	Université Stanford	États-Unis	73,7
3	Université de Berkeley	États-Unis	71,9
4	Université de Cambridge	Royaume-Uni	71,6
5	Massachusetts of Technology	États-Unis	70
6	California Institute Technology	États-Unis	66,4
7	Université Columbia	États-Unis	63,2
8	Princeton	États-Unis	59,5
9	Chicago	États-Unis	58,4
10	Oxford	Royaume-Uni	56,4
11	Yale	États-Unis	55,9
12	Cornell	États-Unis	54,3
13	UCLA	États-Unis	52,6
14	Université de Californie – San Diego	États-Unis	50,4
15	Pennsylvanie	États-Unis	49
16	Washington – Seattle	États-Unis	48,2
17	Wisconsin Madison	États-Unis	48
18	Université de Californie – San Francisco	États-Unis	46,8
19	Johns Hopkins	États-Unis	46,1
20	Université de Tokyo	Japon	45,9

21	Université du Michigan – Ann Arbor	États-Unis	44
22	Université de Kyoto	Japon	43,1
23	Imperial College London	Royaume-Uni	43
24	Université de Toronto	Canada	43
25	Université College de Londres	Royaume-Uni	42,8
26	Université de l'Illinois – Urbana Champaign	États-Unis	42,7
27	Institut fédéral de technologie de Zurich	Suisse	39,9
28	Université de Washington-Saint Louis	États-Unis	39,7
29	Université Nortwestern	États-Unis	38,2
30	Université de New York	États-Unis	38
31	Université Rockefeller	États-Unis	38
32	Université Duke	États-Unis	37,4
33	Université du Minnesota – Twin Cities	États-Unis	37
34	Université du Colorado – Boulder	États-Unis	36,6
35	Université Santa Barbara	États-Unis	35,8
36	Université British Columbia	États-Unis	35,4
37	Université du Maryland	États-Unis	35
38	Université du Texas – Austin	États-Unis	34,4
39	Université Paris VI	France	33,8
40	Université du Texas – Southwestern Med Center	États-Unis	33,8
41	Université Vanderbilt	États-Unis	33,6
42	Université d'Utrecht	Pays-Bas	33,5
43	Université d'État de Pennsylvanie	États-Unis	32,7
44	Université de Californie – Davis	États-Unis	32,7
45	Université de Californie – Irvine	États-Unis	32,5

46	Université de Copenhague	Danemark	32,2
47	Université d'État Rutgers – Nouveau-Brunswick	États-Unis	32,1
48	Université de Manchester	Royaume-Uni	32
49	Université de Pittsburgh	États-Unis	31,9
50	Université Southern California	États-Unis	31,4

Source : Shanghai Jiao Tong University, 2007.

Les étudiants européens, ceux des pays émergents ou des pays pauvres, et avec eux leurs parents et une partie de la classe politique, pourraient légitimement déduire de ce classement que le seul choix valable consiste, pour ceux qui peuvent et veulent aller étudier à l'étranger, à intégrer une université anglo-saxonne. Voire, que la réussite et l'ascension sociale dépendraient de la scolarisation dans l'une de ces universités. L'influence de ce classement est donc majeure.

Il importe donc de savoir sur quelles bases ce classement est effectué et quelles limites il rencontre. Tout d'abord, contextuellement, ce classement réalisé par une université chinoise n'avait pas vocation au départ à établir un classement international, mais était un indicateur à usage des seuls étudiants chinois pour déterminer la place de l'enseignement supérieur chinois. Ensuite, la méthodologie retenue repose sur des critères spécifiques qui *de facto* ne peuvent qu'avantager les anglophones.

Les critères retenus apprécient en effet le nombre de Prix Nobel et de chercheurs ayant reçu la médaille Fields qui ont obtenu tout ou partie de leurs diplômes dans une université donnée ; ils apprécient également le nombre de Prix Nobel en chimie, physique, médecine et économie et de mathématiciens ayant reçu la médaille Fields présents dans les équipes de l'université au moment où ils ont obtenu la distinction. Cet indicateur est complété par le nombre de citations des enseignants chercheurs rattachés à l'université et le nombre d'articles publiés dans les revues scientifiques les plus reconnues au monde, à savoir celles qui paraissent en langue anglaise. Enfin, la somme des indicateurs précédents est rapportée au nombre d'enseignants chercheurs en équivalent temps plein au sein de l'université concernée afin d'apprécier sa productivité et de limiter l'impact de la trop grande taille d'une université dans l'évaluation globale de la performance de chacune d'elles.

À y regarder de plus près, ce classement comporte de nombreuses limites. Les matières évaluées sont essentiellement scientifiques ou à caractère scientifique ; en sont donc exclues des matières tout aussi importantes comme le droit, les sciences sociales ou humaines. Si certaines universités de ce classement sont également performantes dans les matières juridiques, les universités performantes et spécialisées en droit en sont exclues.

Par ailleurs, le critère prépondérant, à savoir le rôle des prix Nobel ou des médailles Fields, peut être considéré comme exagéré. Tous les étudiants ne chercheront pas à obtenir le prix Nobel et on peut d'ailleurs légitimement s'interroger sur le fait de savoir si telle est la première mission de l'université. N'est-elle pas plutôt de fournir le bagage suffisant pour trouver un emploi et savoir s'adapter dans un monde professionnel en permanente mutation ? Autrement dit, seules sont évaluées les activités de recherche et non celles qui concernent la formation et l'emploi. Enfin, prix et publications accordent *de facto* une prépondérance à l'anglais puisque les revues de référence mondiale publient de manière quasi exclusive en anglais. La publication et la diffusion dans d'autres langues et dans d'autres revues ne sont pas évaluées.

Ce classement est donc très largement perfectible, mais il est devenu un début de référence. Il apparaît donc comme une évidence que les critères déterminant un classement sont aussi importants que le classement lui-même.

Pour illustrer l'importance des règles qui conditionnent un classement, il est intéressant de prendre en considération le classement des premières écoles de commerce européennes établi chaque année par le réputé quotidien britannique *Financial Times*. Il n'est point question ici de prix Nobel, de médailles Fields ou de publications dans des revues spécialisées. Les critères retenus sont les déclarations des écoles sur le salaire perçu à l'issue de la scolarité, la facilité de placement une fois le diplôme obtenu, etc. Et il en ressort que les écoles de commerce françaises, c'est-à-dire les grandes écoles comme HEC, l'ESCP-EAP ou l'Insead, sortent grands vainqueurs, devançant des établissements comme la très réputée London School of Economics, qui est classée dans le système d'évaluation de l'université de Shanghai vers la 150e place alors que HEC, première école de commerce européenne selon le *Financial Times*, ne figure pas dans le classement de l'université de Shanghai !

Les 15 meilleures écoles de commerce européennes

Rang	École	Pays
1	HEC	France
2	London Business School	Royaume-Uni
3	Insead	France
4	IMD	Suisse
5	IE Business School	Espagne
6	IESE Business School	Espagne
7	ESCP-EAP	France
8	RSM Erasmus University	Pays-Bas
9	EM Lyon	France
10	Esade Business School	Espagne
11	Cranfield School of Management	Royaume-Uni
12	Essec	France
13	Stockholm School of Economics	Suède
14	City University : CASS	Royaume-Uni
15	London School of Economics	Royaume-Uni

Source : *Financial Times*, 2007.

Dans ces conditions, l'influence que l'on peut exercer sur les critères retenus est primordiale. Une organisation internationale pourrait donc avoir vocation à établir ce type de classement, mais selon une méthodologie communément admise et des critères faisant l'objet d'un consensus.

Un autre classement est également très intéressant et revêt, lui, une dimension économique et entrepreneuriale : le classement *Doing Business*.

Il a pour but de déterminer le climat d'investissement dans un pays et la facilité ou la difficulté d'y entreprendre. Cette facilité d'entreprendre est estimée en fonction d'indicateurs qui consistent, par exemple, à compter le nombre de jours nécessaires pour créer une entreprise, à évaluer la réglementation nécessaire, c'est-à-dire à compter le nombre de pièces nécessaires pour avoir le droit de fonder son entreprise, etc.

Il constitue donc une sorte de baromètre tant pour les entreprises que pour les gouvernements. Là encore, le rôle du classement est important car un néophyte ou un entrepreneur peut se servir de ce baromètre des entreprises pour mieux choisir le pays dans lequel il va investir. Les pays sont donc classés en fonction de leur performance.

Les critères en eux-mêmes sont aussi importants que la manière dont ils sont élaborés. Prenons un exemple simple : réduire le plus possible le nombre de pièces à fournir pour créer son entreprise, est-ce plutôt une bonne chose ou est-ce un obstacle à la création d'une entreprise ? *Doing Business* répond que moins il y a de pièces à fournir, mieux c'est. Il considère aussi que plus le délai de création d'une entreprise est court, mieux c'est pour l'économie d'un pays. À première vue, il paraît évident que limiter la bureaucratie est plus souhaitable que l'inverse. Beaucoup de gouvernements vont d'ailleurs dans ce sens. Pourtant, l'absence totale de documents, de pièces, allez, disons-le, de vérification – gros mot pour beaucoup –, peut au contraire se révéler un élément nocif pour l'entrepreneur et plus globalement pour la collectivité dont il est originaire. Pourquoi le marché immobilier américain connaît-il une crise aussi importante ? Avant tout parce que les personnes qui ont bénéficié de prêts n'avaient pas les ressources ni les assurances nécessaires pour y prétendre ; or, dans beaucoup de cas, nulle preuve de leurs revenus ni de leur situation patrimoniale n'était requise. Le premier coup de vent, c'est-à-dire la hausse des taux d'intérêt qui s'est matérialisée par une hausse des mensualités, se transforme en tempête ; les emprunteurs comme les établissements de crédit peuvent tomber en faillite. Si un minimum de pièces justificatives avait été demandé, cette exigence aurait sans doute permis à de nombreuses familles d'éviter la faillite et la saisie de leurs biens immobiliers, voire mobiliers.

Un raisonnement analogue pourrait être adopté pour la création d'une entreprise : l'absence totale de règles et de documents peut lui faire courir un risque car sa création repose sur des fondements fragiles. Or, si la création d'une entreprise est une bonne chose, sa pérennité est sans doute tout aussi importante. La seule raison valable pour défendre ce système serait la culture du risque, celle qui consiste à permettre à celui qui ne rentre pas dans les cases, à celui qui n'offre pas les garanties suffisantes d'avoir malgré tout une chance, la chance d'essayer. Encore faut-il que ceux qui prennent ces risques le fassent en parfaite connaissance de cause.

La régulation permettrait une croissance et un développement durable et non une croissance superficielle, source de spéculation et souvent de risques démesurés. Le même raisonnement peut être également appliqué aux luttes contre le blanchiment d'argent et contre le financement du terrorisme. Avant le 11 Septembre et les crises qui ont suivi, il paraissait inutile de demander certains documents faisant preuve de la traçabilité des fonds d'origine. Aujourd'hui, il en va différemment même si la lutte contre les paradis fiscaux est loin d'être achevée.

Doing Business, en récompensant le moins-disant en termes de documents à fournir et d'assurances, promeut un modèle économique défini idéologiquement. Par conséquent, ce critère est en soi contestable. Ensuite, ceux qui ont un intérêt objectif à promouvoir un modèle (les établissements financiers spécialisés dans les crédits hypothécaires avant la crise, par exemple) estiment évidemment que l'existence de règles est un frein à leurs activités.

Pour que la mondialisation soit porteuse de croissance durable et source d'équité, il faudrait qu'elle repose davantage sur l'existence de normes, de règles, de régulations. Influencer l'élaboration de ces classements est donc essentiel.

La mondialisation signifie-t-elle l'américanisation du monde ?

L'association de la mondialisation et de l'américanisation peut constituer une simplification pratique alors que la réalité est très différente.

La Seconde Guerre mondiale a permis aux États-Unis de devenir la première puissance économique, politique et culturelle mondiale. La chute de l'Empire soviétique va entraîner, dans un premier temps, une victoire du capitalisme sur le communisme, transformant les États-Unis en hyperpuissance, c'est-à-dire en seul pays détenteur de tous les pouvoirs.

Derrière ces évidences, la réalité d'aujourd'hui, et encore plus celle de demain, est autre. Les évolutions démographiques montrent que le poids des pays d'Asie est grandissant et que leur émergence sur les terrains économique et politique va bouleverser le monde.

Si le monde, soit environ 6,6 milliards de personnes, était un village de 100 personnes, 51 seraient des femmes et 49 seraient des hommes. Il y aurait 33 enfants et 6 personnes auraient plus de 65 ans ; 59 seraient originaires d'Asie contre 14 du continent américain et 13 d'Europe !

Ensuite, comment parler d'idées sans évoquer l'instrument qui les véhicule, c'est-à-dire les langues ? L'omniprésence de l'anglais est à la fois une réalité et un mythe.

La composition du village mondial

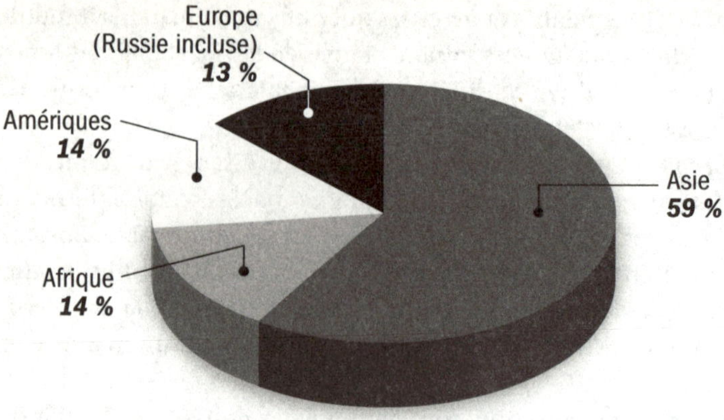

Source : www.populationdata.net, 2008.

Les langues parlées dans le village mondial

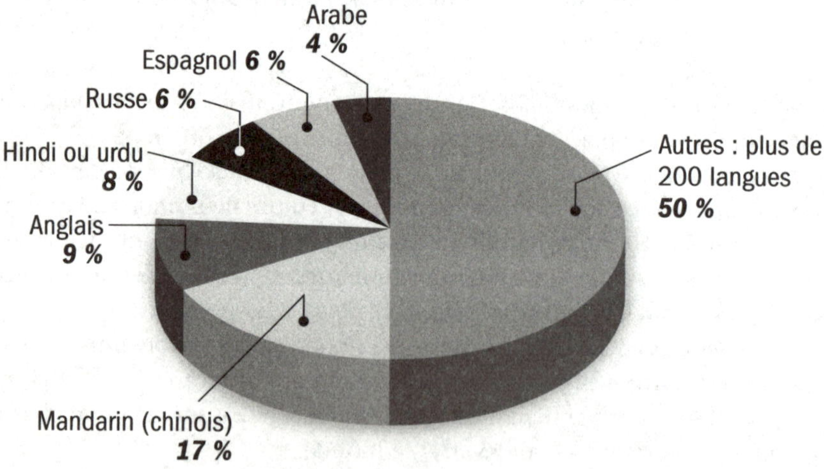

Un mythe car, au sein du village mondial, l'anglais n'est parlé que par à peine 10 personnes alors que 17 personnes parlent le mandarin et 8 l'hindi ou l'urdu.

Parallèlement, l'influence de l'anglais est majeure. C'est la langue des affaires, la langue de la communication et donc la langue de l'influence, comme nous l'avons vu au sujet de l'élaboration des normes, des classements ou des règles. Vers 1300 av. J.-C., les Grecs, les Phéniciens et les Hébreux ont bouleversé la manière de penser le monde. Ainsi, les Phéniciens ont créé le premier alphabet, qui a permis de transcrire les autres langues pour mieux commercer avec leurs voisins. L'anglais est aujourd'hui cet instrument qui permet de communiquer d'une personne à une autre, d'une entreprise à une autre, d'un pays à un autre. Celui qui ne le maîtrise pas ne pas peut aller à la rencontre du monde.

Pourtant, l'anglais d'hier ne sera pas l'anglais de demain. L'image tirée du quotidien britannique *Financial Times* du 9 novembre 2007 illustre cette diversité. Anglais *(english)*, oui, mais selon des variations propres à chacun. Ainsi, le *e* est grec, le *n* est hébreux, le *s* est arabe ou le *h* est japonais ! La langue anglaise devient ainsi la langue de tous et donc de moins en moins celle des Britanniques ou des Américains.

Titre d'un article du *Financial Times* consacré aux évolutions de l'anglais

Les non-anglophones estiment souvent, non sans raison, qu'un anglophone de langue maternelle dispose d'un avantage intrinsèque. Par conséquent, utiliser et reconnaître l'anglais comme langue diplomatique ou commerciale biaise nécessairement la négociation. Au niveau diplomatique, cela était d'autant plus vrai que les puissances économiques et politiques étaient peu nombreuses. Par exemple, lorsque le G6, créé en 1974 par Valéry Giscard d'Estaing, est devenu le G7 (Allemagne, Royaume-Uni, Italie, France, États-Unis, Japon, Canada), près de la moitié des délégations avaient l'anglais comme langue maternelle. Ainsi, avec la suppression du français comme langue de travail par V. Giscard d'Estaing, les anglophones disposaient naturellement d'un avantage lors des négociations. Mais la mondialisation va introduire un élément non prévu au départ : les puissances émergentes qui aspirent à être autour de la table vont certes adopter l'anglais comme langue d'échange, mais l'anglais n'est pas leur langue maternelle. Ainsi, ce qui était un inconvénient pourrait devenir un avantage : dans la mesure où la majorité des pays adoptera le même langage, on peut estimer qu'il appartiendra aux anglophones de naissance de s'adapter à leurs interlocuteurs et non l'inverse.

La maîtrise de l'anglais est devenue une nécessité. Son apprentissage doit donc être automatique, mais ne signifie pas une perte d'identité. C'est pourquoi des pays aussi différents que le Chili ou la Corée du Sud – dont ce fut l'un des sujets de la campagne électorale de 2007 – veulent adopter le bilinguisme comme premier objectif de formation. Les pays qui comptent l'anglais comme langue officielle revendiquent parallèlement leur forte identité : le Canada en est une illustration. Aussi serait-il grotesque de prétendre qu'en parlant l'anglais l'Inde s'est américanisée. Au contraire, l'Inde comporte une dimension culturelle, religieuse, spirituelle qui lui est propre et l'usage de l'anglais peut être un élément de communication entre provinces très différentes, mais guère plus. Maîtriser l'anglais est sans doute une nécessité pour tout pays ayant vocation à agir sur les affaires du monde. Qu'on ne s'y trompe pas : le British Council, établissement assurant la promotion de l'anglais dans le monde, l'a lui-même reconnu dans une étude récente[4]. L'anglais devrait de moins en moins appartenir aux pays anglo-saxons et constituer un langage simple de communication de base. Paradoxalement, l'appauvrissement de l'anglais en une langue du marché mondial, le *globish english*, pourrait affaiblir à son tour l'avantage compétitif du Royaume-Uni et des États-Unis puisque, d'après l'étude, les non-anglophones comprennent mieux un interlocuteur dont l'anglais n'est pas la langue maternelle.

Et le français ?

La langue française occupe une place à part. Historiquement d'abord. Si les États européens se sont combattus au cours des siècles, c'était avant tout pour que l'un d'eux impose son hégémonie sur le reste de l'Europe. Mais deux pays, l'Angleterre et la France, et dans une certaine mesure l'Espagne et le Portugal, ont eu des ambitions extra-européennes. Ainsi, trois langues

4. GRADDOL DAVID, *English Next*, The British Council, 2006.

ont émergé : l'anglais, l'espagnol et le français. La langue de Don Quichotte a eu du mal à s'imposer au-delà du XVIIe siècle et surtout au-delà de l'Amérique latine. Une véritable opposition a donc eu lieu entre l'anglais et le français. Les États-Unis ayant adopté l'anglais, semble-t-il d'une courte tête lors d'un vote, l'anglais a pris un avantage décisif. La globalisation du monde a par conséquent mis l'anglais en avant et l'utilisation de l'anglais a renforcé cette mondialisation. Culturellement ensuite, sans revenir sur la langue de la patrie des droits de l'homme ou celle des philosophes des Lumières, le français veut défendre une singularité : l'autre regard, différent et critique.

Le français a été la langue des élites diplomatiques. Ainsi, quand l'historien Marc Fumaroli[5], de l'Académie française, raconte comment « Londres, Berlin, Vienne, Saint-Pétersbourg, Stockholm, Varsovie et même Rome, Madrid et Philadelphie, qu'elles furent en guerre ou en paix contre la France, brûlèrent en privé de vivre gaiement et spirituellement en français, à l'heure et à la manière de Paris », il met en lumière l'influence du français.

Mais le français a développé son influence au-delà, essentiellement lors des colonisations entamées dans la première moitié du XIXe siècle. Ainsi, on parlait français dans la plupart des pays africains, et partiellement au Moyen-Orient et en Asie.

Les langues de l'enseignement supérieur

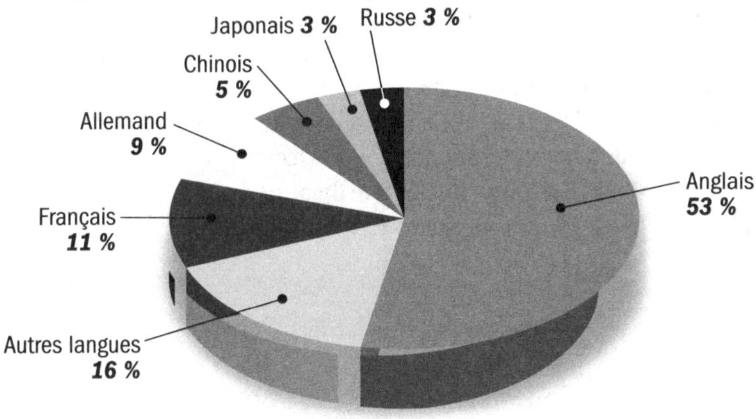

Source : Graddol David, *English Next*, British Council.

5. Fumaroli Marc, *Quand l'Europe parlait français*, Paris, Éditions de Fallois, 2001.

La décolonisation, l'hyperpuissance américaine et le développement des moyens de communication ont permis à l'anglais de se diffuser et l'anglais a renforcé et accéléré cette diffusion. Mais cet accroissement des échanges, cette interaction, en un mot la mondialisation a parallèlement renforcé les besoins identitaires et donc linguistiques. On peut donc estimer que le français a pleinement sa place à côté d'autres langues, comme le démontre ce graphique indiquant quelles langues sont utilisées dans l'enseignement supérieur.

Ce renforcement identitaire ne se traduit pas uniquement linguistiquement ou culturellement ; il intervient à tous les niveaux, amoindrissant ainsi le sentiment d'américanisation du monde. La mondialisation n'a pas seulement diffusé Coca Cola et McDonald's partout dans le monde, elle a dû s'adapter à des contextes locaux ; ainsi la firme d'alimentation rapide américaine, à côté de ses standards internationaux, a développé des déclinaisons nationales ou culturelles de ses menus, comme « l'oriental menu » disponible dans les pays du Maghreb. Récemment, le géant alimentaire Danone, qui se développe fortement dans les pays émergents, a emprunté la même voie : en Russie, ses produits se sont ainsi adaptés au goût russe. Les Russes aimant par exemple le kéfir, un lait fermenté légèrement salé, la firme française a inventé le Kéfira, à consommer avant d'aller se coucher.

Inversement, les goûts et les attentes de l'Europe et des États-Unis, de l'Occident pour simplifier, se sont de plus en plus ouverts aux produits, aux cultures, aux influences de l'Orient et de l'extérieur. Les restaurants chinois n'ont jamais été aussi nombreux dans les agglomérations de moins de 5 000 habitants en France, pays de la gastronomie ; parallèlement, le goût pour certaines matières comme le tek s'est répandu ; au niveau spirituel, on notera le développement phénoménal des médecines orientales. Ainsi, la mondialisation milite plus pour une intensification et une diversification des échanges que pour l'omniprésence et la domination d'un seul sur tous les autres.

Le jeu semble plus ouvert que jamais

Trois éléments déterminent donc le monde de 2008 : un modèle anglo-saxon encore dominant mais dont les fondamentaux sont remis en question, le besoin d'identité et de diversité culturelle dans un contexte par ailleurs de plus en plus globalisé.

Comme le souligne une étude de Vincent Mangematin et Charles Baden-Füller, reposant sur 65 000 articles publiés dans 149 revues de gestion de haut niveau et par quelque 58 000 chercheurs[6], il ressort qu'entre 1992 et 2005 la part relative des États-Unis dans la recherche en management, facteur clé pour l'innovation et la performance des entreprises de demain, est tombée de 83 % à environ 60 % au bénéfice de l'Europe qui est passée de 10,3 % à 23,5 % (le Royaume-Uni atteint 8,1 % à lui tout seul, les Pays-Bas 3,4 %, la France, l'Allemagne et l'Espagne représentant chacune moins de 2 % des publications) et de l'Asie qui est passée quasiment de 0 % à 10 % sur la période. Par ailleurs, en ce qui concerne les écoles de commerce (plus précisément des *business schools*), des écoles comme la London Business School au Royaume-Uni, l'Insead en France, l'université Erasmus à Rotterdam ou l'université de Tilburg aux Pays-Bas deviennent des pôles d'excellence en matière de recherche en management. Alors que les grandes universités américaines étaient très centrées sur les États-Unis, les formations européennes et asiatiques deviennent plus attractives dans la mesure où elles ont misé sur leurs différences sociales et sur certaines valeurs comme le développement durable. Si la maîtrise de la communication écrite et orale en langue anglaise est nécessaire, il semble bien que les valeurs culturelles mondiales soient différentes. L'influence des idées est donc plus importante que jamais. Aussi cette diversification va-t-elle changer le monde tel que nous le connaissons aujourd'hui. Ce monde sera à l'image des idées qui seront véhiculées et des influences qu'elles sauront ou non exercer.

6. Étude parue dans la revue *Long Range Planning*, février 2008.

6. DÉFIS GLOBAUX ET RESPONSABILITÉ INDIVIDUELLE

« Si tu veux marcher vite, marche tout seul, mais si tu veux marcher loin, marche avec les autres. »
Dicton africain

Qui pouvait décrire en 1908 ce qui allait se passer les années suivantes ? Personne. C'est par ces mots qu'un professeur de l'université américaine Harvard, Karl Kaiser, décida d'expliquer à ses étudiants les défis du XXIe siècle. Nous ne pouvons pas savoir en 2008 quel sera le monde de 2020 ou de 2040. Nous pouvons bien sûr bâtir des hypothèses et des prévisions ; elles seront démenties. Néanmoins, les livres évoquant le monde de demain prolifèrent dans les librairies. Mais l'histoire n'est jamais écrite d'avance. La mondialisation sera ce que les hommes en feront. L'excès de pessimisme est tout aussi néfaste que l'excès d'optimisme. Le premier transforme la pluie en tempête par une exagération des comportements ; le second mène à l'aveuglement et rend le réveil brutal et douloureux. Il faut que l'homme définisse la mondialisation qu'il souhaite et la voie qu'il entend suivre tout en les adaptant nécessairement en fonction des imprévus.

Les défis globaux appellent des réponses globales. Les États isolés se heurteront de plus en plus à la limite de leurs compétences propres. Les grandes pandémies, la lutte contre le réchauffement climatique, la réduction de la pauvreté sont autant de problématiques universelles qui exigent une réponse sinon unique tout du moins coordonnée entre les États. Mais agir demeure de la responsabilité des gouvernements et des États.

La mondialisation était jusqu'à présent l'affaire d'un club de pays riches et occidentaux qui commerçaient entre eux et qui maîtrisaient le développement des autres. Les pays du Sud veulent aujourd'hui affirmer leur identité et leurs revendications. L'accélération de la mondialisation, depuis la fin des années 1990, a fait basculer l'humanité dans une ère nouvelle. Il est impératif que les États riches, au premier rang desquels les pays européens, le comprennent. Un monde nouveau apparaît. Les populations peuvent s'en inquiéter, parfois légitimement, mais il est réel et *a priori* inéluctable. De leur côté, les pays émergents doivent apprendre à maîtriser leur croissance, leur appétit et peut-être leur désir de revanche sur l'histoire.

Il serait erroné de croire que la mondialisation est une réalité totale et universelle. Une majorité de pays, essentiellement pauvres, ont des traits de mondialisation, mais ils n'en sont que des acteurs périphériques. De l'agriculture aux migrations, des pans entiers de secteurs économiques ou de politiques sont également exclus de la mondialisation. Enfin, mondialisation ne veut pas dire universalisation. Les valeurs universelles demeurent limitées, complexifiant les rapports entre peuples, cultures, croyances, différents.

Quel nouveau mode d'emploi pour gérer les affaires du monde du XXIe siècle ?

Le monde change et cette mutation va encore s'accélérer au cours des prochaines années.

Une nouvelle géographie économique et politique se dessine depuis la chute du communisme avec un émiettement global des acteurs : l'Amérique latine et l'Afrique veulent avoir voix au chapitre, l'Amérique est hyperpuissante mais contestée, l'Asie renaît et l'Europe semble affaiblie.

Le monde où seuls l'Europe et les États-Unis prédominaient est révolu, et son évolution a été comme anesthésiée pendant cinquante ans par la guerre froide. Les nouveaux pays ont soif de croissance et de consommation ; ils sont dynamiques et optimistes. Comme tendent à le confirmer plusieurs baromètres et enquêtes d'opinion, les Européens et même les Américains sont plus sceptiques, même si de fortes disparités existent en leur sein. Le Britannique est optimiste et croit en la mondialisation, l'Italien et le Français sont plutôt pessimistes et restent partagés sur leur sentiment à l'égard de la mondialisation. L'Américain est à la fois optimiste et protectionniste ; toutefois, au sein même des États-Unis, le Californien ou le New-Yorkais seraient sans doute beaucoup plus ouverts que le citoyen de l'Arkansas ou de Caroline du Sud (deux États touchés par les restructurations industrielles)[1].

Après tant d'années de souffrances et de pauvreté, pour la première fois depuis les mouvements de décolonisation, l'Afrique bénéficie depuis le début des années 2000 d'une forte croissance, d'un début de réduction de la pauvreté et d'un accroissement de ses richesses.

Dans ce contexte, le mode de fonctionnement des affaires du monde doit nécessairement évoluer.

Joseph Stiglitz, Prix Nobel d'économie et ancien conseiller économique de Bill Clinton, notait sèchement que notre système est une « gestion mondiale sans gouvernement mondial ». Des tentatives de réformes ont pu voir le jour ces dernières années, mais elles ont pour l'instant échoué.

Nombreux sont ceux qui estiment que les organisations internationales ne sont plus satisfaisantes : soit parce qu'elles briment les plus pauvres ou nient excessivement la réalité démographique, soit encore parce qu'elles reflètent des rapports de force issus de la Seconde Guerre mondiale, dont la légitimité s'est érodée. C'est dans ce contexte que le Français Dominique Strauss-Kahn a été nommé à la tête du Fonds monétaire international, afin de redonner à celui-ci une légitimité au regard de ses missions initiales et pour entreprendre sa réforme en prenant en compte l'évolution présente et à venir des nouveaux rapports de force économiques. Autrement dit, les pays émergents comme les pays pauvres doivent être mieux associés et mieux représentés dans les processus et les instances de décision.

Les institutions internationales sont souvent critiquées pour l'insuffisance de leurs fondements démocratiques et les rapports de domination qu'elles sont supposées entretenir ou représenter. Les « souverainistes » de tous les pays les dénoncent comme minant la souveraineté des États. En parallèle, le fait majeur des dernières années est la constitution d'une société civile planétaire dont les membres ne parlent néanmoins pas d'une seule voix.

Le nouveau mode d'emploi de la mondialisation suppose donc d'accroître la transparence et l'accès à l'information. Plusieurs organisations internationales ont déjà commencé à le faire.

Commerce, développement durable et normes sociales paraissent de plus en plus liés ; au regard de l'énorme disparité des pays, obtenir le consensus en la matière est difficile mais doit être considéré comme une priorité et faire l'objet d'un effort permanent sur le long terme.

---

1. The German Marshall Fund of the United States, *Trade and Poverty Survey*, 2007.

La primauté du droit apparaît essentielle, mais elle suppose l'acceptation de normes et de valeurs identiques. La gestion d'un conflit est possible si le diagnostic de départ et les valeurs sont identiques pour tout le monde. Dans ce cadre, le respect des normes juridiques est un élément clé du fonctionnement multilatéral. Enfin, le fonctionnement même de la mondialisation nécessite de repenser celui des organisations internationales. Puisque les défis sont de plus en plus transversaux et interdépendants, les enceintes permettant de les régler doivent également être de plus en plus transversales et interdépendantes.

Pour pouvoir modifier le fonctionnement et le statut des institutions internationales, une ratification par les Parlements nationaux est nécessaire. Elle suppose donc un consensus tant national qu'international.

Si la multipolarité du monde devient une réalité, l'avenir du multilatéralisme semble plus incertain.

Multilatéralisme, régionalisation ou retour aux États ?

Cette question peut paraître âpre pour un non-initié ; elle est finalement assez simple. Le multilatéralisme, c'est-à-dire la négociation entre plusieurs États au sein d'organisations internationales dont le but est de trouver une réponse commune à un défi commun, est-il la meilleure méthode pour gérer les affaires du monde ? La diversité du monde étant aujourd'hui trop importante et les divergences d'intérêt trop fortes, est-il au contraire préférable de recourir à la régionalisation, c'est-à-dire à une discussion qui serait organisée entre blocs régionaux et non entre États eux-mêmes ? Enfin, vaut-il mieux revenir au système du XIXe siècle où seule la souveraineté des États compte et où la négociation se fait au cas par cas selon des alliances à géométrie variable ?

Pourquoi cette question ? Parce que le monde nouveau qui émerge n'a ni les bons outils ni les bonnes enceintes pour régler les questions et les défis qui se posent à lui. La fin de la Seconde Guerre mondiale avait clairement apporté un élément de réponse. La répétition des horreurs de la guerre devant être à tout prix évitée, il fallait des organisations internationales pour gérer les différends, les conflits potentiels. Il fallait aussi des organisations pour assurer la stabilité des marchés économiques ou financiers afin de garantir une paix et une prospérité durables. Le système qui prévalait avant 1945 reposait sur le rapport de force entre les États. Il avait clairement montré ses limites puisqu'il avait mené l'humanité près du chaos.

Ces organisations ont plus ou moins bien fonctionné pendant près d'un demi-siècle ; elles ont surtout à peu près bien fonctionné parce qu'un accord explicite ou implicite existait entre les États-Unis et les pays d'Europe de l'Ouest. Autrement dit, la mondialisation était exclusivement l'affaire d'un club de pays riches et occidentaux qui commerçaient entre eux et qui maîtrisaient le développement des autres. L'esprit de Rambouillet qui avait vu la création du G7 pouvait se résumer dans le communiqué de l'époque : « Nous sommes réunis parce que nous partageons les mêmes convictions et les mêmes responsabilités. Nous gouvernons chacun une société ouverte et démocratique et sommes dévoués à promouvoir la liberté individuelle et les avancées sociales. »

La chute du communisme a entraîné un bouleversement de l'ordre mondial, politique d'abord, économique ensuite ; c'est ce que le monde est en train de connaître. Dans ces conditions, le multilatéralisme est attaqué de toutes parts parce que son fonctionnement et son organisation actuels ne sont pas en mesure de répondre efficacement aux nouveaux défis. Le recours même au multilatéralisme est alors remis en question. À quoi sert-il ? Les difficultés de l'OMC, les débats sur le mandat et le poids des pays pauvres et émergents au sein du FMI et de la Banque mondiale ou l'échec de la réforme des Nations unies posent la même question : au regard de la diversité des intérêts, des populations et des richesses de chaque pays, ces institutions sont-elles capables de fonctionner, et surtout pour arriver à quel résultat ? Cette problématique est proche de celle que connaît l'Union européenne. Il est plus difficile de trouver des compromis et de fonctionner à 27 États membres qu'à six pays qui partageaient tous le même objectif !

La solution serait alors celle de l'intégration régionale. Puisque les organisations internationales seraient trop grosses et trop lourdes pour fonctionner efficacement, les États auraient peut-être davantage intérêt à se regrouper au sein d'un bloc régional pour, d'une part, permettre des discussions et des avancées en son sein et, d'autre part, négocier ensuite de bloc à bloc. Cette option a des partisans et notamment des partisans officiels puisque cette régionalisation se développe sur plusieurs continents (l'Alena en Amérique du Nord, le Mercosur en Amérique latine, l'Asean en Asie et l'Union européenne en Europe). Elle présente pourtant plusieurs risques. Tout d'abord, si la régionalisation s'accélère, tant sur le continent asiatique qu'européen ou américain, elle appelle davantage à une affirmation des identités nationales dans le cadre d'un bloc qu'à un effacement de celles-ci en son sein. Autrement dit, la régionalisation, censée faciliter le fonctionnement des affaires du monde en mettant l'intérêt régional avant l'intérêt national, est loin d'être une réalité. Que ce soit au niveau multilatéral ou au niveau régional, les États défendent leurs intérêts de la même manière. Par conséquent, les négociations sont tout aussi compliquées et les consensus difficiles à atteindre. Ensuite, la différence d'organisation et la diversité de ces blocs sont criantes. L'Asean compte par exemple en son sein des pays dont les situations politiques et économiques sont diamétralement opposées (l'Indonésie et la Malaisie, pays émergents, côtoient l'autoritaire et isolée Birmanie et des pays très pauvres comme le Laos ou le Cambodge). Enfin, la logique de bloc régional peut être une forme déguisée et diplomatiquement feutrée permettant de garantir l'intérêt des plus puissants sur les autres. Le bloc asiatique n'existe que partiellement (l'Asean ne regroupe que les pays d'Asie du Sud-Est) ; il en est de même pour le bloc sud-américain (le Mercosur ne comprend pas tous les pays d'Amérique latine) ; le bloc africain n'existe pas. Dans ces conditions, beaucoup de pays, en général les plus faibles et les moins riches, seraient exclus de cette régionalisation. Il serait pour le moins cynique de promouvoir la régionalisation du monde pour en faciliter la gestion puisque beaucoup de pays en seraient exclus !

La troisième option serait un retour pur et simple à la règle de force, c'est-à-dire à la gestion des affaires du monde selon les intérêts et le pouvoir des différents pays. Ce serait en quelque sorte la revanche des États sur la mondialisation. Puisque ceux-ci ont perdu des pans de leur souveraineté, le retour au rapport d'État à État serait privilégié. Cette solution serait hautement périlleuse puisqu'elle aboutirait à revenir au système antérieur à la Seconde Guerre mondiale. Dans un contexte où des pays comme l'Inde, la Chine, le Brésil, l'Afrique du Sud, dont les histoires, les traditions et les intérêts diffèrent, acquièrent le statut de nouvelles grandes puissances, il serait dangereux pour l'humanité de laisser la loi du plus fort gérer les affaires du monde. Cette menace est plus que jamais présente et y céder constituerait un retour en arrière. Dag Hammarskjöld, secrétaire général des Nations unies de 1953 à 1961, avait cru bon de préciser : « L'ONU n'a pas été créée pour mener l'humanité au paradis mais pour la sauver de l'enfer. » Disons-le clairement : le multilatéralisme ne peut pas être une panacée, mais, comme la démocratie, c'est le moins mauvais des systèmes.

La mondialisation agit comme un défi majeur pour les partis démocratiques progressistes

La mondialisation, nous l'avons vu, agit comme un défi pour les États et donc pour tous les partis politiques traditionnels. Pourtant, elle constitue un défi encore plus grand pour les partis sociaux-démocrates, socialistes ou progressistes.

La mondialisation crée parallèlement des richesses et des inégalités ; les partis conservateurs ou libéraux estiment que les forces du marché peuvent s'autoréguler, et surtout qu'elles le feront dans le temps. Les partis progressistes pensent, eux, à l'image du grand théoricien économique du début du XXe siècle Keynes, que cette adaptation est trop longue pour être efficace et supportable[2].

Il faut donc une action de régulation, de contrôle, autrement dit d'intervention des pouvoirs publics pour corriger les imperfections du système. Les partis de gauche estiment traditionnellement que l'État est, par essence, le meilleur garant pour assurer cette régulation et ce contrôle. Or la mondialisation a transformé le rôle des États et l'évolution du monde a généré de nouveaux défis globaux, planétaires, qui, par définition, ne peuvent être réglés au niveau d'un seul État. Par conséquent, l'action individuelle des États a décliné. Les partis progressistes ont donc été frontalement affectés par ces mutations puisque leur levier d'action privilégié devenait soit inefficace, soit inapproprié. Beaucoup sont alors tombés dans l'un ou l'autre écueil : soit l'aveuglement, soit la fuite en avant. Le premier les a conduits à reproduire les recettes du passé pour soigner des maux qui n'étaient pas les mêmes que ceux du passé. Cela peut aboutir au déni de réalité. La peur favorise nécessairement l'adoption de mesures protectionnistes, de repli sur soi. Le deuxième écueil consiste à fuir en avant, c'est-à-dire à accepter comme une fatalité les contraintes du monde actuel par un simple calcul gestionnaire. Malgré ses succès électoraux fin 2006, le Parti démocrate américain se trouve dans une situation analogue. Les élections présidentielles auront lieu en novembre 2008. Et si l'on exclut du débat la guerre en Irak, la crise des *subprimes* et les pertes d'emploi de l'industrie traditionnelle, il n'est pas certain que les démocrates américains soient en mesure d'élaborer et de proposer une nouvelle société (ce fut la thématique du président démocrate L. Johnson à la fin des années 1960). Pourtant, à l'instar de leurs homologues européens, ils doivent dépasser le clivage protectionnisme ou laisser-faire. Un parti de gauche n'est-il pas, par définition, un courant qui refuse le fatalisme, les inégalités et qui doit chercher en permanence à créer, à innover, à progresser, méritant ainsi son nom de parti « progressiste » ?

---

2. Dans l'entre-deux-guerres, John Maynard Keynes avait affirmé que les marchés ne se corrigeaient pas tout seuls, en tout cas pas dans des délais raisonnables, ce qui lui avait fait dire dans une formule célèbre : « À long terme, nous serons tous morts. »

Le sociologue anglais Anthony Giddens avait parlé de « troisième voie », ouvrant ainsi des perspectives au Labour britannique et à Tony Blair pendant les années 1990. Au regard des résultats économiques du Royaume-Uni pendant cette période – une richesse collective qui a augmenté de 30 % entre 2000 et 2007 et une richesse individuelle qui a progressé de 25 % sur la même période alors que les Allemands et les Français ne connurent qu'une petite croissance de 10 % –, cette méthode fut efficace en son temps. Les pays scandinaves ont souvent été cités en exemple pour la façon dont ils ont accompagné cette mutation.

Une chose est donc certaine : les partis démocratiques occidentaux de gauche doivent repenser leur doctrine et chercher une autre voie, celle d'une nouvelle génération politique progressiste.

Du point de vue de la méthode, cette génération doit s'entendre sur les diagnostics pour trouver un remède efficace qui saura récuser la simplification, la démagogie, les sondages et le caractère nombriliste de ses préoccupations.

Tout d'abord, elle doit comprendre que le monde a changé et qu'il faut l'accompagner et être dans la mondialisation. Comme l'ancien ministre des Affaires étrangères Hubert Védrine l'a mentionné dans le rapport qu'il a remis au président Nicolas Sarkozy en septembre 2007, les pays occidentaux « ne doivent pas être face à la mondialisation mais dans la mondialisation ». Le monde entier est loin de craindre la mondialisation. Au contraire, la plupart des pays, qui tirent par ailleurs la croissance mondiale, sont remplis d'espoirs et de rêves et voient dans la mondialisation la nouvelle opportunité qu'ils attendaient depuis si longtemps. Les États-Unis et sans doute encore plus les pays européens doivent le comprendre et doivent changer car, si aujourd'hui la mondialisation a transformé les pays émergents, demain, ce seront les nouveaux pays émergents qui feront évoluer la mondialisation.

Les pays émergents ont, jusqu'à présent, puisé leur croissance dans leurs exportations. Ils doivent maintenant commencer à assurer le relais en soutenant leur demande intérieure ; autrement dit, l'augmentation de la consommation intérieure des Chinois, des Indiens, des Brésiliens, des Mexicains, etc., doit devenir une réalité. Il y aura deux conséquences : cela permettra aux bénéficiaires d'améliorer leur niveau de vie et de voir leurs salaires augmenter, amorçant ainsi un mouvement de réduction des inégalités à l'intérieur du pays ; de plus, cela permettra de renforcer significativement les importations du pays – et donc, notamment, celles provenant des pays occidentaux –, améliorant ainsi les termes de l'échange, autrement dit réduisant les déficits commerciaux des pays riches à l'égard de ces pays émergents.

Deuxièmement, de nouveaux modes de croissance et de redistribution doivent être redéfinis. La mondialisation et le progrès technique génèrent des gagnants et des perdants. Il faut donc que les gagnants soient solidaires des perdants et que les perdants ne le restent pas toute leur vie. Cela suppose que des formes de solidarité s'exercent à tous les niveaux : d'un secteur performant à un secteur moins performant, d'une génération à une autre – si la solidarité des jeunes envers les plus âgés doit exister, l'inverse est aussi vrai ; les baby-boomers pourraient donc être mis à contribution. Cela consiste donc, à l'instar de ce qui se passe par exemple au Japon, à maintenir des métiers à faible qualification (les petits métiers sont nombreux, par exemple, dans le métro de Tokyo) ; c'est une obligation morale, sociale et économique. Les métiers d'aide à la personne sont souvent cités ; les métiers à faible qualification visant à faciliter la vie de tous et de chacun pourraient être exonérés de charges sociales à la condition d'être exclusivement réservés aux personnes non qualifiées, c'est-à-dire n'ayant pas le baccalauréat. Le mélange des formations a brouillé les repères : les « bac + 5 » se sont mis à occuper des emplois sous-qualifiés ; les non-qualifiés ont été exclus et les surdiplômés ont été frustrés car l'ascenseur social s'est transformé en « descenseur » social. La réhabilitation du travailleur passe par une réhabilitation des compétences et des qualifications de chacun. Elle implique enfin une croissance dite schumpéterienne, c'est-à-dire reposant sur l'innovation et le progrès technique. La recherche et la formation doivent être au cœur des priorités politiques. Pour Samuel Huntington[3], « une civilisation décline dès qu'elle cesse d'innover ». Cela signifie que, dans un monde mondialisé, il est nécessaire d'assumer une maîtrise de l'anglais, non comme un référent culturel mais comme un outil de communication ; il faut viser l'excellence non pas tant des élèves que de leur formation. Il faut donc renégocier le contrat social éducatif. En un mot, les politiques de formation et de solidarité doivent être plus généreuses, plus volontaristes et plus rapides.

Enfin, cette nouvelle génération doit redéfinir le mode de fonctionnement des institutions internationales, avoir le courage d'en supprimer quelques-unes, d'en créer d'autres et de savoir en adapter certaines. Cela suppose donc l'élaboration d'un nouveau consensus international, probablement au niveau des Européens puis avec les Américains, car rien ne se fera sans l'un

3. HUNTINGTON SAMUEL, *Le Choc des civilisations*, Paris, Odile Jacob, 1997.

ou sans l'autre et encore moins l'un contre l'autre. S'ils ne le comprennent pas aujourd'hui, la construction du monde se fera demain sans eux.

Mais la mondialisation constitue aussi un dilemme pour les partis de droite

Sauf à défendre des positions conservatrices souverainistes, la droite libérale au pouvoir – qui constitue la majorité des droites au monde – est également confrontée aux questions que pose la mondialisation. Il est aujourd'hui difficilement contestable que celle-ci comporte des imperfections, des excès qu'il est nécessaire de réguler. Sans aller jusqu'à porter un jugement, les défis actuels, tels que celui du réchauffement climatique, même s'ils ne sont pas directement liés à la mondialisation, nécessitent des réponses globales. Or, si l'État n'est pas le cadre privilégié pour la réguler, il faut trouver le cadre ou l'organe censé y parvenir. Les communautés et les localités – cadres souvent préférés à celui de l'État – ne sont pas nécessairement les mieux armées pour y répondre. Dans ces conditions, l'État redevient un acteur clé.

La deuxième difficulté consiste à gérer les contradictions nées de l'absence d'une réelle et complète mondialisation. Beaucoup de secteurs sont faiblement libéralisés.

En effet, si des imperfections se font jour, ce n'est pas parce que la mondialisation existe ou les crée, c'est parce qu'elle ne s'est pas complètement et totalement réalisée, analyse que l'économiste Daniel Cohen[4] a également développée pour expliquer les frustrations engendrées par la mondialisation.

Ainsi, l'abandon total des barrières douanières agricoles permettrait certes de libéraliser les marchés, – ce qui reste du domaine de la doctrine –, mais surtout aux paysans des pays pauvres d'accéder aux marchés des pays riches. Sur un autre registre, si la libéralisation et la mobilité des capitaux ou des biens sont une réalité, la liberté de circulation des hommes, par exemple, n'existe pas ou reste tout du moins très partielle et cantonnée soit à un espace géographique, soit à une population très qualifiée. L'Union européenne, de par l'espace Schengen, est une exception car elle permet aux ressortissants de tous les pays européens de circuler, de voyager, voire de s'installer librement dans les pays de l'Union. Mais partout ailleurs, la possibilité de circuler ou de voyager est soit limitée dans le temps (si un Européen veut aller aux États-Unis, il n'est pas autorisé à y rester librement

4. Cohen Daniel, *La Mondialisation et ses ennemis*, Paris, Grasset, 2004.

plus de trois mois), soit soumise à l'obligation de visas. Ces restrictions sont encore plus fortes entre les pays du Sud et les pays du Nord. La deuxième exception concerne les flux migratoires des personnes hautement qualifiées. Mieux, tous les pays cherchent à attirer les cerveaux, y compris par des politiques incitatives à leur égard, et peu importe leur passeport d'origine. Dans ces conditions, la mondialisation humaine, c'est-à-dire la mobilité des flux migratoires comme principe, n'existe pas vraiment alors que le village planétaire idéal verrait une liberté de circulation totale, qu'elle soit des biens, des services, des économies ou des hommes. Mais les peuples et les gouvernements, y compris les plus libéraux, ne semblent pas prêts à assumer une telle politique. Et pour cause, dans l'état actuel de la mondialisation, si un seul pays prenait aujourd'hui ce risque, il serait susceptible de créer immédiatement un immense appel d'air de populations désireuses de s'y installer, ce qui ferait peser un risque sur son économie nationale. Par conséquent, si la libéralisation totale veut fonctionner et la mondialisation se réaliser pleinement, il faut qu'un consensus global se dessine. Or, pour qu'un tel consensus existe, il faut *a priori* qu'il passe par une régulation et une coordination de tous les acteurs. Autrement dit, la contradiction serait la suivante : alors que les droites libérales n'apprécient guère les cadres et les contraintes, la liberté s'obtiendrait par le moyen des règles et des normes qu'elles édictent.

Un retour au protectionnisme est-il souhaitable et réalisable ?

Un retour au protectionnisme n'est pas un but en soi ; il est guidé par un objectif transitoire ou définitif. Le protectionnisme transitoire permet à un pays de protéger un secteur économique pour lui laisser le temps de s'adapter au nouvel environnement, aux nouveaux défis qu'il devra relever. Ce protectionnisme est donc nécessairement limité dans le temps. Ce fut le cas, par exemple, de l'importation des automobiles japonaises au début des années 1990 en Europe ou des importations de textile chinois au début des années 2000.

Un second protectionnisme existe, un protectionnisme qui agit comme un objectif politique. Le monde étant une agression, il faut donc se protéger ; se protéger des autres, se protéger de l'extérieur, se protéger « contre ». Ce protectionnisme exprime donc le refus d'une situation ou d'une évolution. Il mène soit à l'isolationnisme, – ce fut le cas, comme nous l'avons vu, de la Chine du XVIe siècle –, soit à la situation actuelle de la Birmanie, un des États les plus policiers et les plus pauvres de la planète.

Face aux peurs de l'étranger et du terrorisme, face aux risques environnementaux et sanitaires, face aux délocalisations, face aux imperfections des marchés, face aux inégalités, la tentation protectionniste existe et tendrait à resurgir, surtout dans les pays riches dont le but premier est le maintien des richesses acquises.

Parmi les arguments positifs, on peut estimer, non sans raison, que le protectionnisme a souvent été instauré au nom de l'intérêt national, de la défense de certaines catégories ou de certains secteurs ; qu'un protectionnisme peut constituer un outil de relance de l'activité intérieure par le biais de préférences nationales ; qu'il peut générer, dans le cas d'un tarif douanier ou de taxes sur le commerce extérieur, des recettes fiscales supplémentaires. Enfin, il peut être également instauré en guise de représailles à l'encontre d'un partenaire protégeant son marché national.

Pourtant, si certains aspects peuvent être séduisants, le protectionnisme est potentiellement vain et surtout dangereux. Expliquons-nous. S'il est possible, dans la mesure où il reste avant tout un choix politique, il semble potentiellement vain dans la mesure où l'interdépendance accrue des économies, des systèmes et des pays le rendrait illusoire. De telles mesures protectionnistes feraient automatiquement l'objet de représailles qui impliqueraient des baisses de niveau de vie pour tous et réduiraient à néant la perspective de mettre fin à la pauvreté humaine, dans les pays en développement comme dans les sociétés industrialisées. C'est le protectionnisme des années 1930 qui a mené à la crise puis à la guerre. Ensuite, la mise en œuvre de mesures protectionnistes rendrait les coopérations internationales pratiquement utopiques car ces négociations globales supposent *in fine* d'accepter de partager une part de souveraineté ; nul État ne peut résoudre seul les problématiques liées au réchauffement climatique. Ce protectionnisme serait ensuite périlleux car il aboutirait nécessairement à une dimension politique. Dimension qui serait d'autant plus renforcée que le protectionnisme viendrait davantage de pays riches désireux de se protéger de pays pauvres et émergents. Le choc des civilisations et les risques culturels viendraient s'ajouter aux risques économiques ; en réalité, ils en seraient une conséquence. Enfin, et surtout, le recours au protectionnisme serait inopérant car la mondialisation n'est pas responsable de tous les maux ; elle n'en est que le très commode bouc émissaire.

Les difficultés actuelles du multilatéralisme, les voix protectionnistes qui commencent à s'élever, fruit des inquiétudes des opinions publiques dans plusieurs pays du Nord, conjuguées aux menaces sur la pérennité de la croissance, ont amené certains analystes à craindre qu'une nouvelle crise du type de celle des années 1930 ne puisse nous atteindre[5]. Sans être une certitude, c'est un risque. Le protectionnisme croit être une réponse à la crise, il en est en réalité la cause ou le détonateur.

Il faut encore rappeler que cette perception varie significativement d'un pays à l'autre. L'opinion publique britannique n'a peur ni de la mondialisation ni des délocalisations parce qu'elle estime que son pays est dynamique et prêt à s'adapter. Les opinions publiques française, allemande et, dans une certaine mesure, américaine sont plus crispées et anxieuses face à ce mouvement qu'elles comprennent mal et qu'elles appréhendent. Les pays émergents connaissent une frénésie de consommation et un pic d'optimisme. Les pays pauvres apprécient leur croissance tout en s'interrogeant sur sa pérennité.

C'est pourquoi la régulation de la mondialisation et la coopération collectives sont une exigence ; en un mot, il faut accompagner le dynamisme des pays émergents, assurer de manière durable celui des pays les plus fragiles et rassurer les opinions publiques des pays du Nord en rendant la mondialisation socialement plus acceptable, tout en indemnisant les perdants.

Quel rôle pour l'Europe ?

Les pays européens sont dans une situation complexe. La construction européenne est imparfaite et, du fait de son histoire, de ses cultures, de ses langues différentes, une unification politique de l'Europe à court et même à moyen terme paraît exclue. Pourtant, face à des pays aussi peuplés et puissants que les États-Unis, la Chine, l'Inde ou le Brésil, une nouvelle ambition s'impose à elle.

L'Europe n'étant pas en mesure de parler d'une seule voix pour mieux peser sur les affaires du monde, il existe aujourd'hui une asymétrie entre son poids factuel et son pouvoir réel. L'Europe est en effet la première source mondiale d'épargne ; elle est, avec les États-Unis, la première puissance économique et commerciale mondiale ; elle est également la plus généreuse puisqu'elle représente plus de la moitié de l'aide publique au développement mondial ; elle est, enfin, la plus responsable puisqu'elle entend se fixer des objectifs ambitieux dans la lutte contre le réchauffement climatique.

5. Lenglet François, *La crise des années 1930 est devant nous*, Paris, Perrin, 2007.

Ces succès ou ces attributs de puissance ne font pas d'elle une puissance. Elle doit se contenter d'exercer une influence sur les autres. La principale raison de cette asymétrie résulte de sa dispersion. Si l'Europe était en mesure de parler d'une seule voix, non seulement elle serait écoutée – ce qu'elle est à des degrés divers aujourd'hui –, mais surtout elle pourrait être entendue. La difficulté vient que ses attributs actuels de puissance seront de plus en plus partagés avec les autres puissances émergentes ; son poids relatif devra donc diminuer.

Sauf grave menace extérieure commune, l'unité politique européenne semble compromise. L'Europe doit donc trouver les moyens de surmonter cette contradiction, c'est-à-dire la conscience de son affaiblissement à venir et, parallèlement, son incapacité de passer outre à des différences culturelles, linguistiques et politiques trop fortes.

De ce fait, l'Europe serait un laboratoire de la mondialisation. Cette dernière repose sur trois piliers : premièrement, l'Europe comprend des États démocratiques partageant les mêmes valeurs d'État de droit et reconnaissant les droits de l'homme et du citoyen ; deuxièmement, elle promeut un modèle de croissance équilibré en reconnaissant l'économie de marché tout en veillant au respect du droit de la concurrence et de la régulation ; enfin, elle a fondé son développement interne sur un principe de solidarité, grâce notamment aux fonds structurels. Pourtant, si la concurrence monétaire a disparu grâce à l'euro, les facteurs de déséquilibres économiques, fiscaux et sociaux demeurent. Si les salaires sont aujourd'hui plus bas en Pologne ou en Roumanie qu'en Allemagne ou aux Pays-Bas, ce n'est pas un problème en soi ; en revanche, le fait qu'ils le demeurent en est un. Les exemples grec, espagnol ou irlandais montrent que, si ces pays étaient moins avancés que les autres lors de leur adhésion, leurs économies se sont développées par la suite, entraînant avec elles une hausse substantielle des salaires. La concurrence fiscale, en revanche, constitue probablement le défi le plus important pour l'avenir de l'Union européenne. C'est la cohésion et la solidarité européennes qui ont permis le développement des nouveaux venus et, *in fine*, ont consolidé le modèle de croissance européenne. L'absence de solidarité ou d'harmonisation fiscale est susceptible de se transformer en instrument de dumping à partir du moment où certains pays utilisent ce levier pour supprimer, par exemple, leurs impositions sur les entreprises afin d'attirer les investissements étrangers sur leur sol. Si les blocages restent nombreux, ils ne sont pas imputables à l'Europe, mais aux États et aux gouvernements qui plébiscitent ou refusent certaines politiques proposées. C'est sans doute ce message que les pro-européens devraient à présent véhiculer pour mettre chaque pays face à ses responsabilités.

Le nouveau consensus international passe par la nécessité de reconnaître des valeurs communes

Pour gérer efficacement les défis mondiaux, il faut distinguer les enceintes des politiques qui y sont menées. La question essentielle porte non pas tant sur la forme et l'organisation de ces structures que sur leurs mandats et leurs objectifs. Autrement dit, si la redéfinition de la gouvernance des organisations multilatérales vise à intégrer davantage les pays émergents et les pays pauvres pour leur permettre de retrouver une légitimité, la question de l'efficacité de ces organisations demeure. Or la mondialisation impose également de redéfinir le mandat et la manière de traiter les affaires du monde. Il faudrait mettre en place un contrat social global puisque, pour Pascal Lamy, actuel directeur général de l'OMC, « le capitalisme de marché confirme à travers la globalisation ses trois traits fondamentaux et indissociables : son efficience, son instabilité et sa nature inégalitaire ».

L'hétérogénéité du monde, la contestation du modèle américain et l'absence d'une politique unifiée et clairement articulée de l'Union européenne, en un mot la multipolarité du monde rende le multilatéralisme au mieux difficile, au pire inopérant. Les résistances nationales sont fortes, notamment celles des pays émergents qui ne veulent pas sacrifier leur croissance et leur honneur retrouvé, rendant ainsi tout consensus très difficile. De fait l'élaboration d'un nouveau consensus international s'impose pour définir la nouvelle grammaire du monde. Elle suppose de préciser les objectifs communs et les règles communes et de les faire respecter. La diplomatie et le leadership jouent ici un rôle fondamental. Sans diplomatie, rien n'est pensable ; sans leadership, rien n'est faisable.

L'Union européenne et les États-Unis ont une responsabilité particulière car ils doivent se comporter aujourd'hui comme ils souhaiteraient que les pays émergents se comportent demain ; autrement dit, ils doivent être exemplaires. D'une part, ils doivent être exemplaires face aux risques courus par la planète, tel le réchauffement climatique. Comment exiger de la Chine qu'elle mette en œuvre des mesures contraignantes, sachant que son parc automobile peut exploser d'ici aux dix prochaines années, si, dans le même temps, les pays du Nord ne sont pas irréprochables et n'appliquent pas ces mêmes mesures à leurs industries. Cela nécessite du courage politique car ces mesures sont potentiellement impopulaires (on pourrait, par exemple, faire pour l'environnement ce qui a été fait pour la santé avec la cigarette, en modifiant en profondeur le déplacement urbain et la consommation automobile par des politiques d'accompagnement fiscal persuasives et dissuasives) et se heurtent aux intérêts de grands groupes industriels. Rappelons que, sur les dix premières grandes entreprises mondiales, toutes sont aujourd'hui européennes ou américaines et que neuf sur dix ont une activité pétrolière ou relevant du secteur automobile.

D'autre part, l'Union européenne et les États-Unis doivent agir de manière exemplaire et concertée pour mettre en œuvre les règles d'un capitalisme humain en préférant, notamment, le développement durable à la spéculation. Les avertissements peuvent être salutaires s'ils réussissent à faire bouger les lignes de clivage, les Anglo-Saxons, et surtout les États-Unis, répugnant particulièrement à établir des normes de régulation contraignantes, que ce soit pour les marchés financiers ou les clauses commerciales.

Si les sociétés humaines se sont mondialisées, il faut que la mondialisation s'humanise encore plus.

Ce volontarisme de l'Europe et des États-Unis est une condition nécessaire pour rendre gérables les défis que les nouveaux arrivants devront relever à la fois pour eux, pour l'humanité et pour les pays riches. C'est une fusée à trois étages : au premier, sur le plan économique, il faudra respecter les exigences de transparence et de réciprocité ; au deuxième étage, les normes sociales des pays émergents devront progresser afin de réduire les inégalités en leur sein et d'atténuer le choc avec les classes moyennes occidentales. Simultanément, il faudra rechercher et mettre en œuvre le respect des normes environnementales.

Cela suppose enfin que les pays riches acceptent et comprennent que les pays pauvres évoluent à leur rythme sous la pression des forces économiques, des forces sociales, des scandales et des accidents, tels ceux qui affectent les mineurs en Chine ou en Ukraine.

Le risque serait de reproduire les erreurs des années 1920. Après le traumatisme de la Première Guerre mondiale, les nations n'avaient pas ménagé leurs efforts pour établir un « système global ». Nombre de conférences internationales et d'organisations ont été mises en place à cet effet. Les inventions se sont multipliées et la croissance était également forte. Pourtant, ce système n'a pu s'imposer. On a pu voir que, sans système international développé, la crise de 1929 avait débouché sur une crise économique, puis sur une crise politique.

La croissance économique et démographique de plusieurs pays émergents va donc bouleverser l'ordre économique et politique du monde.

CONCLUSION

La mondialisation heureuse n'existe pas, mais la mondialisation malheureuse non plus : la mondialisation doit donc être démystifiée.

Sous l'angle économique, trois caractéristiques principales semblent se dégager à l'horizon de la fin de la première décennie du XXIe siècle. La mondialisation, grâce à une hausse sans précédent des investissements directs étrangers et des échanges commerciaux depuis 1960, a permis une croissance économique mondiale inégalée. De nombreux pays, au Nord comme au Sud, se sont enrichis, ce qui a contribué à enregistrer des améliorations exceptionnelles en matière d'espérance de vie ou d'alphabétisation. Ces améliorations se sont accélérées localement dans les années 1990 et sur tous les continents depuis 2000.

Parallèlement, cette croissance et ce développement ont eu un coût planétaire puisqu'ils ont lourdement endommagé l'environnement et constituent une menace pour les équilibres et les ressources naturelles. Une autre forme de croissance et de développement devient donc vitale.

Troisièmement, bien qu'il faille souligner que la grande pauvreté a substantiellement diminué depuis 1990, les inégalités de revenus se sont accentuées au Nord comme au Sud avec un accroissement du nombre de riches et de très riches. Les pays émergents, malgré leur croissance exceptionnelle, gardent certaines caractéristiques du sous-développement, notamment une part élevée de la population pauvre et une classe moyenne qui n'est pas majoritaire. Dans les pays riches, les populations faiblement qualifiées souffrent au premier rang de la mondialisation, car elles sont mises en concurrence avec une main-d'œuvre étrangère peu chère qui est susceptible de favoriser les délocalisations et d'exercer une pression à la baisse sur les salaires.

Ce n'est donc pas l'accroissement des richesses qui pose problème, c'est leur répartition. Bien sûr, les pays riches doivent garder en tête que beaucoup de pays pauvres ou émergents ont à réaliser, en quelques années, ce qu'ils ont mis des dizaines d'années, voire des siècles, à accomplir. Les congés payés ne furent introduits en France qu'en 1936 alors que l'industrie existait déjà depuis plus d'un demi-siècle. L'interdiction du travail des enfants ou la reconnaissance d'un jour de repos ont mis également plusieurs dizaines d'années avant d'être appliquées. Les nations riches doivent comprendre qu'elles ne vont pas s'appauvrir, mais que ce sont d'autres pays qui vont s'enrichir. Mais avant que les pays émergents deviennent réellement des pays riches, il faut que les politiques nationales accompagnent les perdants de la mondialisation durant cette phase de transition qui est due par ailleurs, avant tout, aux adaptations engendrées par le progrès technique et l'innovation.

Car les échecs et les réussites sont individuels avant d'être collectifs. La mondialisation a pu laisser penser que les responsabilités étaient partagées, donc diluées. Si tout le monde est responsable, personne ne l'est vraiment. L'intensification des interactions et des interdépendances a, au contraire, renforcé les responsabilités et les politiques de chaque État. Certains ont obtenu de bons résultats, d'autres de mauvais dans un contexte global équivalent.

De la même manière, si, pour des questions de droit et d'équité, les organisations multilatérales doivent rester les enceintes de négociation qui permettront de relever les défis collectifs et transversaux de la planète, au premier rang desquels la lutte contre le réchauffement climatique, elles n'en constituent que le cadre. Le contenu est avant tout de la responsabilité des États qui en sont les « actionnaires ». La mondialisation et indirectement les institutions internationales sont souvent devenues les boucs émissaires faciles des évolutions ou des réformes que les États et les gouvernements n'ont pas souhaitées ou qu'ils n'ont pas eu le courage d'engager. La mondialisation les y oblige. Elle entraîne l'élaboration de normes et de règles. Elle classe les pays, les secteurs, les entreprises.

Dans ces conditions, si l'accroissement des interdépendances a favorisé, de prime abord, la formation de grands ensembles et a promu le modèle anglo-saxon, et notamment américain, durant la seconde moitié du XXe siècle, le début du XXIe siècle semble, au contraire, démontrer que la mondialisation favorise le besoin d'identités locales et de diversité. Le jeu semble donc ouvert. Un monde nouveau se dessine à l'aube de ce XXIe siècle et il appartiendra à ceux qui sauront développer et diffuser leurs idées. Car ce sont bien les idées qui font la politique et non la politique qui fait les idées.

LEXIQUE

Acteurs d'idées : expression qui regroupe une série d'acteurs tels que les fondations, les *think tanks*, les instituts de recherche ou de réflexion. Ils visent à livrer des analyses académiques, scientifiques ou politiques et à exercer une influence sur les décideurs politiques ou économiques.

Alena (Accord de libre-échange nord-américain) ou Nafta *(North American Free Trade Agreement)* : conclu en 1994, ce traité met en place une zone de libre-échange entre le Mexique, les États-Unis et le Canada.

Altermondialisation ou **mouvement altermondialiste** : mouvement hétéroclite contestant le modèle libéral de la mondialisation et revendiquant un développement et un système de valeurs plus soucieux de l'homme et de l'environnement. Les altermondialistes prônent donc une mondialisation différente.

Anase (Association des nations d'Asie du Sud-Est) ou **Asean** *(Association of Southeast Asian Nations)* : organisation politique, économique et culturelle fondée en 1967 ayant pour but de renforcer la coopération et l'assistance mutuelle entre ses États membres, l'Indonésie, la Malaisie, les Philippines, Singapour, la Thaïlande, Brunei, le Vietnam, le Laos, la Birmanie et le Cambodge.

Antimondialisation : terme apparu dans les années 1990 pour décrire le mouvement d'opposition à toute forme de mondialisation.

Attac (Association pour la taxation des transactions pour l'aide aux citoyens) : organisation altermondialiste née en France en 1998 et existant dans une cinquantaine de pays.

Balance commerciale : la balance commerciale mesure les exportations et les importations de biens et de services d'un pays. Le solde de la balance est la différence entre la valeur des exportations et celle des importations : une balance commerciale positive (plus d'exportations que d'importations) est le signe d'un excédent commercial. Inversement, une balance négative traduit un déficit commercial.

Banque mondiale (Groupe) : organisation qui se compose de la Banque internationale pour la reconstruction et le développement (Bird) et de l'Association internationale de développement (AID). La Bird, créée en 1945, s'occupe des pays à revenus intermédiaires et des pays pauvres solvables tandis que l'AID, créée en 1960, se concentre sur les pays les plus pauvres de la planète. L'action de l'organisation consiste à accorder, selon les cas, des prêts à faible taux d'intérêt, des crédits sans intérêt ou des dons pour financer des opérations dans divers domaines (éducation, santé, infrastructure, communication, etc.). Le Groupe Banque mondiale comprend également la Société financière internationale (SFI), fondée en 1956, qui est chargée des opérations avec le secteur privé, l'Agence multilatérale de garantie des investissements (Miga), créée en 1988, et le Centre international pour le règlement des différends relatifs aux investissements, dont l'entrée en vigueur remonte à 1966. Cent quatre-vingt-cinq pays sont membres de cette organisation dont le siège est à Washington.

Capitalisme : système économique où les individus et les entreprises privées assurent la production et les échanges de biens et de services à travers un réseau complexe de prix et de marchés.

Civilisation mondiale ou **civilisation universelle** : concept selon lequel, du fait de la mondialisation, il y aurait une mise en commun à l'échelle mondiale de manières de vivre, de valeurs, de pratiques et de croyances, créant ainsi une civilisation mondiale ou universelle.

Commerce extérieur : ensemble des échanges commerciaux qu'un pays entretient avec d'autres pays ou groupes de pays sous forme d'importations et d'exportations. Il y a excédent commercial lorsque les exportations sont supérieures aux importations ; inversement, il y a déficit commercial lorsque les importations sont supérieures aux exportations.

Commission européenne : fait partie, avec le Parlement européen et le Conseil de l'Union européenne, des institutions communautaires. Elle représente l'intérêt général au nom de l'Union. Elle comprend un président (en 2008, José Manuel Barroso) et 27 commissaires (un par État même si le commissaire ne représente pas son pays mais est responsable d'un sujet). Son siège est à Bruxelles.

Communautarisme : mouvement de pensée préconisant la reconstruction des communautés comme groupes d'appartenance et de reconnaissance.

Compétitivité : dans un contexte économique, c'est la capacité pour un territoire ou une entreprise de se développer par rapport aux autres territoires et entreprises ayant des activités économiques comparables.

Courbe de Kuznets : la courbe de Kuznets décrit la relation entre le niveau de développement d'un pays (mesuré en PIB/habitant) et son niveau d'inégalité. Elle s'inspire des travaux de Simon Kuznets sur le développement économique réalisés dans les années 1950.

Courrier électronique, courriel ou **e-mail** (*electronic mail* en anglais) : service de transfert de messages envoyés par un système de messagerie électronique *via* un réseau informatique (Internet).

Délocalisation : installation d'une entité industrielle ou commerciale dans un pays ou une région autre que celui ou celle de son implantation d'origine.

Développement : on entend par « développement » le développement économique et social d'une population. On le mesure à l'aide de l'indice de développement humain (IDH). Il se caractérise par une augmentation globale du bien-être, c'est-à-dire du niveau de vie et de la qualité de vie de tous.

Développement durable : notion récente élaborée à partir des travaux de la commission Brundtland qui avait été formée par des initiatives privées afin d'engager une réflexion sur le développement et la protection de l'environnement. Il s'agit d'un développement qui répond aux besoins du présent sans compromettre la capacité des générations futures à satisfaire leurs propres besoins.

Économie de marché : système économique qui s'organise autour du marché et qui repose principalement sur les lois du marché, c'est-à-dire la confrontation de l'offre et de la demande dans un environnement concurrentiel, pour réguler les activités économiques.

Étalon-or : norme financière internationale.

Exportation : action de vendre à l'étranger une partie de la production de biens ou de services d'un ensemble économique, d'un pays ou d'une région.

FMI (Fonds monétaire international) : institution internationale créée en 1944. Le FMI et la Banque mondiale sont aussi appelés « institutions de Bretton Woods » ; cette appellation vient du lieu où se sont tenues les négociations créant ces institutions. Le FMI fournit des crédits aux pays connaissant des déficits extérieurs et des difficultés financières ; en contrepartie, il impose certaines politiques économiques aux pays concernés. Son siège est à Washington.

Forum économique mondial : cette rencontre d'hommes politiques et de chefs d'entreprise a pour objectif de fournir un environnement de collaboration dans le but d'améliorer la situation économique. Ce rendez-vous, qui a lieu chaque année à Davos en Suisse, est très contesté par les mouvements altermondialistes, en raison de la subjectivité des améliorations qui y sont envisagées. C'est en réaction à ce forum que les altermondialistes ont créé le Forum social mondial.

Forum social mondial : forum altermondialiste qui se tient annuellement à Porto Alegre, au Brésil. Il se présente comme une alternative sociale au Forum économique mondial. Il a pour but de faire se rencontrer des organisations citoyennes du monde entier pour élaborer une transformation sociale du monde. Leur slogan est : « Un autre monde est possible. »

Fracture numérique : expression qui désigne le plus souvent l'inégalité d'accès aux technologies numériques, dont l'ordinateur, et parfois la distinction entre ceux qui produisent (par exemple la télévision, la radio) et ceux qui reçoivent (nous tous) les informations. Cette inégalité est fortement marquée entre les pays développés d'Occident et les pays du Sud, dits « en voie de développement ».

FTA *(Free Trade Agreement)* : zone de libre-échange d'Afrique qui regroupe neuf États : Djibouti, l'Égypte, le Kenya, Madagascar, le Malawi, Maurice, le Soudan, la Zambie et le Zimbabwe.

Gatt *(General Agreement on Tariffs and Trade)* : l'accord général sur les tarifs douaniers et le commerce fut signé en 1947 pour harmoniser les politiques douanières des parties signataires. En 1995, le Gatt fut remplacé par l'OMC.

Globalisation : en français, on distingue la mondialisation de la globalisation. Ce dernier terme est dérivé de l'anglais *globalization* qui a été repris dans la plupart des langues. Si mondialisation et globalisation étaient initialement considérées comme des synonymes, il est fait aujourd'hui une distinction sémantique. En français, la globalisation désigne l'extension du raisonnement économique à toutes les activités humaines sur le globe terrestre ; alors que la mondialisation est un concept plus large, prenant en compte l'extension planétaire des échanges, qu'ils soient économiques, culturels ou politiques.

Gouvernance mondiale : manière de gérer les affaires du monde. Mais la mondialisation n'a pas à proprement parler de « gouvernement mondial ». Seules des organisations internationales représentées par des pays ou des groupes de pays en fonction des sujets abordés tentent de trouver des solutions. Ces organisations n'agissent pas en leur nom propre, mais uniquement en fonction du mandat que leur reconnaissent les États. D'autres acteurs, non étatiques, tels que les ONG, les fondations, la société civile peuvent s'exprimer et faire partie de la gouvernance sans néanmoins en être des décideurs.

G7-G8 (Groupe des 8) : ce groupe comprend l'Allemagne, le Canada, les États-Unis, la France, l'Italie, le Japon, le Royaume-Uni et la Russie (qui a intégré le groupe en 1998). Chaque pays détient, pour un an, la présidence dont le point central constitue le sommet des chefs d'État qui se tient en juin ou en juillet de l'année. Deux types de rencontres se déroulent : l'une au niveau des ministres des Finances (soit environ quatre à six fois par an) et l'autre au niveau des chefs d'État (une fois lors du sommet de l'été).

Le G6 avait été initialement créé en novembre 1975 à l'initiative du président français Valéry Giscard d'Estaing lors d'un sommet entre les six chefs d'État fondateurs au château de Rambouillet afin de traiter les questions économiques et financières de façon informelle. De plus en plus, des pays émergents sont invités à participer aux rencontres en fonction des sujets traités.

G20 (Groupe des 20) : crée en 1998, ce groupe compte les 20 ministres des Finances des États les plus riches de la planète et organise comme le G7 différentes réunions de discussion informelles sur les sujets économiques ou financiers d'actualité. Il regroupe environ 90 % du PIB mondial. Il comprend les pays membres du G8 plus l'Afrique du Sud, l'Arabie Saoudite, l'Argentine, l'Australie, le Brésil, la Chine, la Commission européenne, la Corée du Sud, l'Inde, l'Indonésie, le Mexique et la Turquie.

Importation : entrée dans un pays de biens ou de services provenant d'un autre pays.

Indice de développement humain (IDH) : indice statistique composite, créé par l'ONU en 1995, qui permet de classer les pays du monde en termes de développement qualitatif. Il est au développement ce que le PIB (produit intérieur brut) est à la croissance. Il est calculé entre 0 et 1 et comprend un certain nombre de facteurs comme l'espérance de vie, le niveau d'éducation ou encore le niveau de vie.

Internet *(Inter Network)* : réseau informatique à l'échelle du monde qui rend accessibles au public des services comme le courrier électronique et les pages web. Ses utilisateurs sont désignés comme *internautes*.

Investissements directs à l'étranger (IDE) : opérations par lesquelles un agent acquiert des actions ou des parts de propriété dans une société d'un autre pays afin d'exercer une influence sur sa gestion.

Libéralisme : doctrine des libéraux, de ceux qui sont partisans des libertés individuelles dans un État, de la libre entreprise et de la liberté économique.

Libre-échange : système économique où les barrières douanières sont supprimées ou assouplies et où prévaut la liberté des échanges commerciaux entre États.

Média : moyen impersonnel de diffusion d'information (comme la presse, la radio, la télévision), utilisé pour communiquer. Les médias permettent de diffuser une information vers un grand nombre d'individus sans possibilité de personnalisation du message.

Mercantilisme : propension à tout rapporter au commerce, au trafic, au gain.

Mercosur *(Mercado Comun del Sur)* : Marché commun du Sud, ou alliance économique de pays d'Amérique du Sud (Argentine, Paraguay, Uruguay, Venezuela et Brésil), fondé le 26 mars 1991.

Migration : ensemble des mouvements et des déplacements de population d'un pays vers un autre, pour des raisons politiques, sociales, économiques ou personnelles.

Mondialisme : théorie qui considère l'ensemble de la population mondiale comme formant une seule communauté, où chacun est dépendant l'un de l'autre.

Multinationale : firme disposant de filiales hors de son pays d'origine, par le biais d'investissements directs à l'étranger (IDE).

Néolibéralisme : forme moderne du libéralisme qui admet une intervention limitée de l'État.

Nouveaux pays industrialisés (NPI) : pays dont l'économie a connu une industrialisation et un développement économique rapides au cours des vingt dernières années. On trouve ainsi les « dragons » (Corée du Sud, Taïwan, Singapour, Hong Kong), les « tigres » (Malaisie, Indonésie, Thaïlande, Philippines) et les « jaguars » (Brésil, Mexique, Argentine, Chili).

Organisation internationale du travail (OIT) : institution spécialisée de l'ONU, créée le 14 décembre 1946, chargée de promouvoir les droits des travailleurs, d'améliorer leurs conditions de travail et de lutter contre le chômage. Son siège est à Genève, en Suisse.

Organisation mondiale de la santé (OMS) : institution spécialisée de l'ONU pour la santé, fondée le 7 avril 1948. Son siège est à Genève.

Organisation mondiale du commerce (OMC) : organisation internationale qui a remplacé le Gatt en 1995. Elle s'occupe des règles régissant le commerce entre les pays. Le but est d'aider, par la réduction des obstacles au libre-échange, les producteurs de marchandises et de services, les exportateurs et les importateurs à mener leurs activités. Son siège est à Genève.

Organisation mondiale du tourisme (OMT) : organisme de l'ONU destiné à promouvoir et à développer le tourisme, fondé en 1975. Son siège est à Madrid, en Espagne.

Organisation non gouvernementale (ONG) : organisation qui ne dépend ni d'un État ni d'une institution internationale et qui est financée par des fonds privés. Son but est le plus souvent humanitaire, culturel ou social.

Organisation des Nations unies (ONU) : organisation internationale fondée le 26 juin 1945 à San Francisco pour résoudre les problèmes internationaux. Son siège est à New York. Elle rassemble quasiment l'ensemble des États du monde, soit 192 pays.

Organisation du traité de l'Atlantique Nord (Otan) : organisation politico-militaire créée à la suite de la Seconde Guerre mondiale en 1949. Elle regroupait à l'origine la Belgique, la France, le Luxembourg, les Pays-Bas, le Royaume-Uni, le Danemark, l'Italie, l'Islande, la Norvège et le Portugal, ainsi que les États-Unis et le Canada. Son but était d'organiser militairement l'Europe face à l'Union soviétique. Le siège de l'Otan se trouve à Bruxelles. L'Otan compte aujourd'hui 26 membres.

Pays développés : pays dont la majorité de la population connaît un niveau de vie élevé et où les besoins vitaux sont pourvus, tant en matière d'éducation que de santé.

Pays émergents : pays qui, auparavant, étaient sous-développés et qui, grâce à une croissance économique forte, connaissent une amélioration importante du niveau de vie tout en gardant des caractéristiques du sous-développement.

Pays les moins avancés (PMA) : les pays les plus pauvres et très en retard en terme de développement humain.

Produit intérieur brut (PIB) : indicateur économique qui mesure la valeur totale de la production des biens et des services marchands d'un pays donné au cours d'une année.

Propriété intellectuelle : terme juridique qui recouvre les droits d'utilisation d'une création intellectuelle : invention, solution technique, œuvre littéraire ou artistique, marque, logiciel, etc.

Protectionnisme : politique visant à mettre en place des obstacles tarifaires et non tarifaires à l'entrée de produits étrangers afin de favoriser les activités nationales et de les préserver de la concurrence étrangère. Cette politique s'oppose au libre-échange.

Règlement européen : norme juridique édictée par le Conseil de l'Union européenne, directement applicable par les États membres.

Régionalisation : mesures prises par les gouvernements pour libéraliser ou faciliter le commerce à l'échelle régionale, parfois au moyen de zones de libre-échange ou d'unions douanières. Cette régionalisation s'est fortement développée depuis la fin des années 1980 et durant la décennie 1990 : Union européenne, Mercosur, Alena, Asean, etc.

Régulation : édiction de règles visant à établir une concurrence loyale entre les États ou au sein d'un État.

Technologies de l'information et de la communication (TIC) : expression désignant les moyens modernes utilisés dans le traitement et la transmission des informations, principalement l'informatique, Internet et la téléphonie mobile.

Téléphonie mobile : infrastructure de télécommunication permettant d'utiliser des téléphones portables et de téléphoner presque partout. Cette technologie s'est considérablement développée auprès du grand public ces dix dernières années.

Unesco *(United Nations Educational, Scientific and Cultural Organization)* : l'Organisation des Nations unies pour l'éducation, la science et la culture est née le 16 novembre 1945 et son siège est à Paris. Son objectif est de « construire la paix dans l'esprit des hommes à travers l'éducation, la science, la culture et la communication ».

Union européenne : le traité de Rome a fondé la CEE (Communauté économique européenne) en 1958. Appelée aujourd'hui Union européenne, elle regroupe 27 États. Quinze de ces États ont adopté une monnaie unique, l'euro.

Zone de libre-échange : territoire géographique au sein duquel la circulation des biens se fait librement, sans que doivent être respectées de conditions particulières.

Zone douanière : territoire géographique dont les contours sont délimités par une barrière appelée « douane ». Des règles et des conditions sont généralement posées quant au franchissement de cette barrière par les personnes et les biens.

BIBLIOGRAPHIE

Histoire et géopolitique

ATTALI JACQUES, *Une brève histoire de l'avenir*, Paris, Fayard, 2006.

BECK ULRICH, *Pouvoir et contre-pouvoir à l'ère de la mondialisation*, Paris, Aubier, 2003.

BERNSTEIN SERGE et MILZA PIERRE, *Histoire du XXe siècle*, Paris, Hatier, 1994.

BRZEZINSKI ZBIGNIEW, *Le Vrai Choix. L'Amérique et le reste du monde*, Paris, Odile Jacob, 2004.

DUROSELLE JEAN-BAPTISTE et KASPI ANDRÉ, *Histoire des relations internationales*, tome 2, Paris, Armand Colin, 2000.

FUKUYAMA FRANCIS, « The End of History », *The National Interest*, 1989.

FUMAROLI MARC, *Quand l'Europe parlait français*, Paris, Éditions de Fallois, 2001.

GNESOTTO NICOLAS et GREVI GIOVANNI (dir.), *Le Monde en 2025*, Paris, Robert Laffont, 2007.

HUNTINGTON SAMUEL, *Le Choc des civilisations*, Paris, Odile Jacob, 1997.

KENNEDY PAUL, *Naissance et déclin des grandes puissances*, Paris, Payot, 2004.

RÉMOND RENÉ, *Introduction à l'histoire de notre temps*, Paris, Seuil, coll. « Points », 1974.

ZIEGLER JEAN, *Les Nouveaux Maîtres du monde et ceux qui leur résistent*, Paris, Seuil, coll. « Points », 2003.

Commerce international et aide au développement

BAILLY MICHÈLE et DUFOUR PATRICE, *L'Aide au développement à l'heure de la mondialisation*, Toulouse, Milan, coll. « Les essentiels Milan », 2002.

COMBE EMMANUEL, *Précis d'économie*, Paris, Presses universitaires de France, coll. « Major », 2007.
DUVAL GUILLAUME, *Le Libéralisme n'a pas d'avenir*, Paris, La Découverte, 2003.
EASTERLEY WILLIAM, *The Elusive Quest for Growth*, Cambridge (Massachusetts), MIT Press, 2001.
MESSERLIN PATRICK, *Commerce international*, Paris, Presses universitaires de France, 1998.
MICHAILOF SERGE, *À quoi sert d'aider le Sud*, Paris, Economica, 2006.
MONTALIEU THIERRY, *Économie du développement*, Rosny-sous-Bois, Bréal, 2001.
RAINELLI MICHEL, *Le Commerce international*, Paris, La Découverte, coll. « Repères », 2003.
RAINELLI MICHEL, *L'Agriculture de demain. Gagnants et perdants de la mondialisation*, Paris, Félin, 2007.
SACHS JEFFREY, *The End of Poverty*, Londres, Penguin, 2005.

Mondialisation

AGLIETTA MICHEL, *La Globalisation financière*, Paris, La Découverte, 2000.
ASKENAZY PHILIPPE, *Les Désordres du travail*, Paris, Seuil, coll. « La République des idées », 2004.
BELLIER IRÈNE (dir.), *La Mesure de la mondialisation*, Cahier du Gemdev, n° 31, mars 2007.
BERGER SUZANNE, *Notre première mondialisation*, Paris, Seuil, 2003.
BERGER SUZANNE, *Made in monde. Les nouvelles frontières de l'économie mondiale*, Paris, Seuil, 2006.
CAHUC PIERRE et ZYLBERBERG ANDRY, *Labor Economics*, Cambridge (Massachusetts), MIT Press, 2004.
CHERVALIER BENOÎT, *Rethinking Global Governance in the 21st Century*, Policy Paper, The Atlantic Council of the United States, 2006.
CHERVALIER BENOÎT, « Fondations philanthropiques et mondialisation : quels défis pour ce siècle ? », *Rapport moral sur l'argent dans le monde*, Paris, Association d'économie financière/Caisse des dépôts et consignations, 2007.
COHEN DANIEL, *La Mondialisation et ses ennemis*, Paris, Grasset, 2004.
DERVIS KERMAL, *A Better Globalization*, Washington, Center for Global Development, 2005.
GRATALOUP CHRISTIAN, *Géohistoire de la mondialisation. Le temps long du monde*, Paris, Armand Colin, 2007.
HOANG-NGOC LIEM, *Refermons la parenthèse libérale !*, Paris, La Dispute, 2005.
JOUYET JEAN-PIERRE et LÉVY MAURICE, *Rapport sur l'immatériel*, Paris, Inspection générale des finances, 2007.

KRUGMAN PAUL, *La mondialisation n'est pas coupable*, Paris, La Découverte, 2000.

MICHALET CHARLES-ALBERT, *Mondialisation. La grande rupture*, Paris, La Découverte, 2007.

MISTRAL JACQUES, *La Fuite en avant dans l'endettement*, Paris, Ifri, 2007.

MORAND PIERRE, *Mondialisation. Changeons de posture*, Paris, La Documentation française, 2007.

ORSENNA ERIK, *Voyage au pays du coton*, Paris, Fayard, 2006.

PISANI-FERRY JEAN, JACQUET PIERRE, TOUBIANA LAURENCE, *Gouvernance mondiale. Rapport pour le Conseil d'analyse économique*, Paris, La Documentation française, 2002.

SMITH DAVID J., *Le monde est un village*, Paris, Circonflexe, 2002.

SMITH TIMOTHY, *La France injuste*, Paris, Autrement, 2007.

STIGLITZ JOSEPH, *La Grande Désillusion*, Paris, Fayard, 2002.

TARDIF JEAN et FARCHY JOËLLE, *Les Enjeux de la mondialisation culturelle*, Paris, Hors Commerce, 2006.

VÉDRINE HUBERT, *La France et l'Europe dans la mondialisation*, rapport remis au président de la République, 2007.

VIMONT CLAUDE, *Mondialisation : réconcilier la France avec la compétitivité*, Paris, Institut Montaigne, 2006.

WINGERT JEAN-LUC, *La Vie après le pétrole*, Paris, Autrement, 2005.

REMERCIEMENTS

Je tiens à remercier les nombreuses personnes qui ont apporté des contributions fondamentales à ce projet et dont les relectures des versions intermédiaires m'ont été précieuses ; je pense, en particulier, à Agnès Bénassy-Quéré, Coralie Capillon, Hélène Chervalier, Jean-Christophe Donnellier, Bernard Fontaine, Jean-Baptiste de Foucauld, Pierre Jacquet, Maxime Lefebvre, Serge Michaïlof, Chloé Pathé, Robert Picciotto, Jean Pisani-Ferry, Guillaume Renaudineau, Julien Rencki, Gilles Taboulet, Claire Waysand, Claude Wendling et Heinz Wissmann.

Je ne voudrais pas oublier non plus ceux qui ont participé à cette aventure avec leurs conseils et leur patience lors de nos discussions : François Bourguignon, Laurence Caramel, Benoît Cœuré, Élie Cohen, Henry Dougier, Laurent Dufour, Lorraine Escoffier, Stéphane Escoffier, Annie Guthmann, Erwan de Lescluse, Boris Pétric et Marjolaine Rivière.

Bien entendu, un grand merci à Pascal Lamy qui a bien voulu écrire la préface.

BIOGRAPHIE DE L'AUTEUR

Benoît Chervalier a un parcours atypique. Dans le cadre de la coopération franco-allemande, il fut le premier fonctionnaire en poste au Trésor français à être envoyé deux ans à Berlin, au sein du secrétariat d'État chargé des questions européennes et internationales du ministère des Finances allemand. Il a ensuite été *Fellow* au German Marshall Fund of the United States, chargé d'économie internationale. Il a publié plusieurs tribunes et articles de discussion en France et à l'étranger. Il enseigne par ailleurs à l'Institut d'études politiques de Paris. Ce livre s'inspire d'une conférence qu'il a dispensée à l'Ecole normale supérieure.

TABLE DES ENCADRÉS

TABLE DES TABLEAUX, GRAPHIQUES ET CARTES

TABLE DES MATIÈRES

Achevé d'imprimer en mars 2008 sur les presses de l'imprimerie Corlet
à Condé-sur-Noireau (Calvados), France, pour le compte des Éditions Autrement,
77, rue du Faubourg-Saint-Antoine, 75011 Paris
Tél. : 01 44 73 80 00. Fax : 01 44 73 00 12. N° d'imprimeur : 111666.
ISBN : 978-2-7467-1141-9. Dépôt légal : avril 2008.